国家自然科学基金面上项目(51774173)资助
辽宁省自然科学基金(201602351)资助

矿震监测的理论与应用

贾宝新　著

中国矿业大学出版社

内 容 提 要

本书主要内容包括:探讨矿震的发生机理,建立了矿震波在均匀与非均匀介质中的传播模型;微震信号频谱分析;建立矿震波初至自动识别方法;建立了矿震定位方法,并对 SW-GBM 定位方法进行修正;建立震级计算公式,并通过现场实测数据建立了矿震预测公式,基于自由面面积对爆破振速公式进行修正,建立了考虑自由面面积的峰值振速改进公式;建立矿震监测台站的空间分布准则,并结合现场实验分析影响定位误差的主要因素,深入探讨了台站数量对震源定位误差的影响;修正并完善原有矿震监测系统,开发矿震监测管理和预警系统。

图书在版编目(CIP)数据

矿震监测的理论与应用/贾宝新著. —徐州:中

国矿业大学出版社,2019.6

ISBN 978 - 7 - 5646 - 4186 - 3

Ⅰ.①矿… Ⅱ.①贾… Ⅲ.①矿井—地震监测

Ⅳ.①TD214

中国版本图书馆 CIP 数据核字(2019)第 043628 号

书　　名	矿震监测的理论与应用
著　　者	贾宝新
责任编辑	杨　洋
出版发行	中国矿业大学出版社有限责任公司
	(江苏省徐州市解放南路　邮编 221008)
营销热线	(0516)83884103　83885105
出版服务	(0516)83995789　83884920
网　　址	http://www.cumtp.com　E-mail:cumtpvip@cumtp.com
印　　刷	江苏凤凰数码印务有限公司
开　　本	787×1092 1/16　**印张** 6.75　**字数** 205 千字
版次印次	2019 年 6 月第 1 版　2019 年 6 月第 1 次印刷
定　　价	40.00 元

(图书出现印装质量问题,本社负责调换)

前　言

　　矿震是指采矿诱发的矿井地震，是矿井主要动力灾害之一。如何降低和减少矿震所导致的事故和灾难是目前研究的重要课题，而解决这一问题的主要途径之一就是对矿震进行实时连续监测，因此开展矿震监测的基础理论研究是十分必要的。

　　本书主要探讨了矿震的发生机理，建立了矿震波在均匀与非均匀介质中的传播模型。根据矿震的物理特征、矿震的能量特征、参与矿震的岩体类别、矿震力源和矿震发生失稳机理等对矿震进行分类；详细论述与总结了断层错动型矿震、煤体压缩型矿震、顶板断裂型矿震的发生机理。建立了均匀介质中矿震波的三维显式波动方程，以及分层介质中的三维显式波动方程。矿震监测系统的应用表明，所建模型有效提高了震级计算和定位计算的精度。

　　建立了矿震监测台站的空间分布准则。台站的空间分布在煤矿监测中具有重要的地位，在给定速度模型后，台站的几何分布将直接影响监测精度。运用维数优化原理建立矿震监测台站优化方法，实践表明优化的监测台站空间布置能够大大减小震中定位误差，对其他煤矿微震台站选址和布置具有一定的借鉴意义。此外讨论了台网数量对矿震预测的影响，并认为增大台网密度和提高监测频率是今后矿震监测的主要方向之一。

　　建立了矿震波初至自动识别方法。通过分析矿震信号的特征及其干扰因素，对各种震相自动识别方法进行了总结，评价了各种识别方法的优缺点，并基于分形理论对矿震震相初至的自动识别进行了研究，采用 Hausdorff 分形维数方法中超立方体对振动波形进行覆盖的计算方法，克服了其他同类方法对矿山地震进行平面简化问题，到时读取的精度有了一定提高。通过对实际矿山地震进行定位得出，垂直误差均值为 4.5 m，水平方向误差为 0.4 m，满足煤矿安全生产要求。为解决信号的分辨问题，通过支持向量机对矿山微震信号分类拾取。检测结果表明，以 EMD 能量熵、HHT 边际熵、Δt 值法为特征参数的支持向量机能做到较为精确的分类。对近场震级为 -0.5 的震动，分类准确率可达 92%，效果理想，能用于工程实际。

建立了矿震定位方法,并对 SW-GBM 定位方法进行修正。在地震定位问题的解决方法的基础上,研究了适合于矿震特点的定位方法。采用走时和震源距离之间的关系式推导出了矿震发震时刻的计算公式;研究了基于发震时刻计算公式单台站定位方法,并在木城涧矿震监测定位系统中应用,定位结果小于系统规定的误差上限;研究了适合两台站和三台站定位的直线方程法;对 SW-GBM 法的各种情况进行了讨论,给出了矿震定位质量的评估方法。结合矿震波传播规律对 SW-GBM 定位方法进行了修正,计算结果表明,能够有效提高矿震定位精度。用理论建模的形式对含波速和不含波速的目标函数震源位置效果进行分析,发现在含波速的目标函数中波速误差对定位结果有很大的影响,这种影响呈指数形式增大。当震源点处于监测台阵的包络中心时,定位误差较小,处于包络线外时定位误差较大。当台面数量一定时,定位精度随台站数量的增加有显著提高,当台站数量大于 12 时,这种增加不再明显。当台站数量一定时,台面数量的增加能显著提高定位精度,多台面精度明显高于单台面,最佳台站密度为 0.019 2%。

建立震级计算公式,并根据现场实测数据建立了矿震预测公式。根据矿震不同于地震的特点,采用李学政的近场起算函数,计算近震震级;利用加速度测定矩震级;采用曲线拟合的方式拟合木城涧矿区的持续时间震级公式;对近震震级和持续时间震级的结果进行对比分析。运用最大熵理论建立信息熵预测矿震的统一预测模型,现场实例验证该模型预测精度较高,是一种可行的矿震预测方法。

作　者
2018 年 10 月

目　录

1 矿震发生机理、分类及矿震波传播规律的研究

本章主要对矿震产生的机理进行分析,对矿震进行分类,剖析各类矿震的发生条件和主要特征;同时建立均匀介质中矿震发生的三维激振模型,进而导出矿震波的显式传播模型,并应用惠更斯原理建立了分层介质中矿震发生的三维显式波动方程。

1.1 矿震的发生条件

煤层本身具有矿震危险。一般来说,具有矿震危险的煤层具备以下特点:

(1)煤层的煤质较硬,单轴抗拉强度达 30 MPa,弹性模量达 10 GPa 以上,易发生脆性破坏;煤体在达到强度极限以前的变形主要表现为弹性变形;煤层的自然含水率低,一般不超过 3%;煤层厚度较大或厚度变化大,有的伪顶与直接顶较薄,甚至没有。煤层顶板坚硬。当煤层的顶板坚硬并有大面积悬顶时,会使煤体承受高的支承压力,容易发生矿震。煤层底板强度较高。煤层顶、底板对煤体的夹制作用,使煤体易于积聚能量而产生矿震。

(2)开采深度较大,在 200~700 m 之间。由于煤体的应力与采深几乎成正比,所以采深越大,煤体的应力越高,煤体变形和积聚的弹性潜能也越大。我国一般在 200 m 以上时,随着开采深度的增加,矿震的次数和强度呈增加的趋势。

(3)地质构造对于矿震的发生有较大的影响,多数矿震发生在地质异常区,如向斜轴部、背斜区等。构造应力的作用可以使发生矿震的临界深度明显减小。应力集中的构造地带,如在向斜轴部、断层及其组合断层附近,煤厚或倾角发生突变地点,是矿震发生的密集区。

(4)地应力水平较高、地温较大、爆破时易发生矿震。

(5)采掘程序对于矿山压力的大小和分布亦有很大影响。采煤工作面的相向推进,以及在采煤工作面的支承压力带内开掘巷道,或在上层煤的采煤边界影响带内,都会使支承压力叠加而可能发生矿震。

(6)大多数矿震发生在煤柱上。煤柱是开采中的孤立体,两面或三面临空的煤柱可能承受多个采空区方向引起的支承压力,所以不仅煤柱本身易发生矿震,而且上层煤柱会对下层煤传递集中应力,容易使下层煤发生矿震。

(7)弹性模量和单轴压缩应力—应变曲线软化段曲线的斜率的绝对值的比值较小。当这一比值为零时,即岩石超过峰值强度后就迅速破坏,岩石极脆,此时临界软化区深度即为圆形洞室的半径。即在荷载的作用下,周边刚有软化区时就能发生矿震。若这一比值较大,则不能发生矿震。

1.2 矿震的分类

矿震形成的力学环境、发生的地点、宏观和微观上的显现形态多种多样,冲击破坏强度和所造成的破坏程度也各不相同。由于矿震发生的机理存在不同的理论,有各自不同的发生条件和判别准则,客观上不同矿井的矿震成因和显现特征也不同,即使同一矿井,由于地质构造、开采条件和开采方法的差异,而使得矿震的成因、性质、特征、震源部位和破坏程度也不同。由于矿震存在不同的种类,只有对其进行科学分类才能针对不同类型的矿震实施有效的监测和防治措施。目前主要的分类方法有以下几种:

(1) 根据矿震的物理特征,按发生原因可分为压力型矿震、突发型矿震、爆裂型矿震。

(2) 根据矿震的能量特征,按发生时释放的矿震能大小分为五个等级:微矿震、弱矿震、中等矿震、强烈矿震、灾害性矿震。

(3) 根据参与矿震的岩体类别分为两类:煤层矿震(煤爆)、岩层矿震(岩爆)。

(4) 根据矿震力源分为三级:重力型、构造型、中间型。

(5) 根据矿震发生失稳机理分为三类:煤体压缩型矿震、顶板断裂型矿震和断层错动型矿震。

① 煤体压缩型(如山东华丰矿)是由于煤体压缩失稳而产生的,包括重力和水平构造应力引起的两种,多发生在厚煤层开采的采煤工作面和采煤巷道中。震级一般不超过 2 级,但矿震发生后,突出的煤量较多,易造成设备破坏和人员伤亡。发生深度一般不大于 500 m,且符合 Gutenberg-Richter 公式:$\ln N = a - bM$,式中,N 为大于某一震级的矿震次数;M 为震级;a,b 为常数,在按失稳机理分类的三种类型矿震中,b 值最大,为 2.0~2.5。震相是"伞面形",起始振幅大,但衰减很快,持续时间很短。在有构造应力参与时,则振动时间加长,往往有 2~3 次振荡。

② 顶板断裂型(如北京门头沟矿)由顶板岩石拉伸失稳而产生,多发生于工作面顶板为坚硬、致密、完整且厚的岩体中采空区的大面积空顶部位。其牵涉范围大,释放能量大,发生强度高,一般震级为 2~3 级。b 值次之,为 1.5~2.0。

③ 断层错动型(如北票台吉矿):由断层围岩体剪切失稳造成。发生在采掘活动接近断层时,采矿活动影响而使断层突然破裂错动。发生深度一般为 800~1 000 m。震级为3~4 级。b 值在 1.0 附近。其优势频率为 1~6 Hz。振动时间长、振荡次数多、频率低、应力波携带的能量大,传到地表后能激起很强的面波。断层错动型矿震图类似于天然地震图,S波很强、频率低、持续时间很长。断层很少单独出现,常由多条断层带状组合在一起,延长可达数百至上千千米,形成断裂带,正断层可组合形成阶梯状断层、地堑和地垒等。如根据东滩煤矿多次发生的矿震现象分析,皆以构造应力作为主导驱动力,断层组之间形成地垒构造作为孕育、发震体,且人类采掘活动引起震源生成、发展。地垒构造形式下,煤层被采出后,采空区上方受到拉张应力,由于断层具有张应力性质,被断层切割的梯形岩块与断层面之间几乎没有摩擦阻力,因而岩块容易向下垮落,从而发生矿震事故。

1.3 矿震形成机理

矿震的形成机理原则上是指形成矿震的内在规律,它不同于一般的外部影响因素或发生条件,也有别于诱发因素,是矿震监测和防治工作的理论基础。世界上发生第一次矿震后的 200 多年内出现了许多矿震的理论,其中代表性的理论如下所述。

(1) 强度理论(Intensity Theory)

强度理论是最早的矿震发生理论。传统的力学观点认为,只要材料所受的载荷(或由此而产生的应力)达到其强度极限,则材料就会开始破坏。正是基于这一认识,在矿震形成的机理研究中,从一开始就注意到了强度问题,并逐步发展形成了各种矿震强度理论。其中,具有代表性的是由布霍依诺(G. Bräuner)提出的夹持煤体理论。该理论认为煤体处于顶底板的夹持之中,夹持特性决定了煤—围岩体系的力学特性。矿震是煤岩局部应力超过强度极限后发生的,该理论可以解释一些矿震现象,但对于地下煤岩体结构,局部应力超过强度极限是随处可见的,也是不可避免的,但并没有都发生矿震,发生矿震的仅是少数,强度理论无法解释这些事实。

(2) 能量理论(Energy Theory)

库克(Cooke)在总结南非 15 年矿震研究与防治的基础上提出了能量理论。矿震发生后,原有的矿体—围岩力学系统的平衡状态被打破,变成新的平衡状态,该过程中若系统释放的能量超过其消耗的能量即发生矿震。随后丹克豪斯(Dunkhous)给出了能量平衡的方程式,佩图霍夫(Petukhov)对产生矿震的能量结构进行了分析。能量理论未涉及岩体的突然破坏及能量释放条件等因素。

(3) 刚度理论(Rigidity Theory)

刚性试验机问世后,库克将煤柱与围岩比拟为岩石试件与压力机。将岩样稍过峰值强度后突然破坏的刚度条件作为煤柱矿震发生的条件。布莱克(Blake)认为矿体刚度大于围岩刚度是矿震发生的必要条件,这在一定程度上揭示了矿震的本质。

(4) 冲击倾向性理论(Burst Tendentiousness Theory)

该理论认为发生矿震的介质产生冲击破坏的潜力即为介质的冲击倾向。通过对照指标与不同介质比较,能估计矿震发生的危险程度,但无法考察开采方法和地质条件等因素对矿震发生的影响。

(5) "三准则"理论(Three Criterion Theory)

该理论是中国学者在总结了强度理论、能量理论和冲击倾向理论之后提出来的。其基本观点是将上述三种理论结合起来,并且认为强度准则是煤岩体的破坏准则,而能量准则和冲击倾向准则是煤岩体突然破坏准则,只有当三个准则同时满足时才会发生矿震。

(6) 突变理论(Catastrophic Theory)

煤岩体的突变理论是从 1972 年托姆(R. Thom)创立的突变论发展起来的一种较新的理论。该理论主要从建立煤岩体的尖点突变模型出发,对影响煤岩体的主要控制因素,即顶底板压力、刚度和煤岩的损伤扩展耗散能量进行定量分析,来定性地解释发生矿震的机理。

(7) 分形理论(Fractal Theory)

该理论利用分形几何学的方法来研究矿震发生的机理和预测预报手段,主要对矿震和岩爆的分形特征及微震活动的时空变化的分形特征进行了试验研究。这一理论目前的主要研究成果是:在矿震和岩爆发生前微震活动均匀地分布在高应力区,这时分形维数值较高,而临近矿震发生时微震活动集聚,其分形维数值较低,即分形维数值随岩石微断裂的增加而减小,最低的分形维数值则出现在临近矿震发生时。

(8)"三因素"理论(Three Factor Theory)

矿震的"三因素"理论认为矿震发生的过程是煤岩地层受力的瞬间黏滑过程,是煤岩层满足剪切强度准则而突然滑动并在滑动过程中伴随着动能释放的动力过程。由此得到了"三因素"机理模型,即认为内在因素(煤岩的冲击倾向性)、力源因素(高度的应力集中或高变形能的贮存与外部的动态扰动)和结构因素(具有软弱结构面和易于引起突变滑动的层状界面)是导致矿震发生的最主要因素。

(9)矿震的变形局部化失稳理论(Strain Localization Instability Theory of Mining Tremor)

预测矿震具体发生部位的有效方法是采用材料的分叉分析和应变局部化的数值模拟研究。后者可以考虑复杂的边界条件、复杂的地质构造、煤岩各向异性和更实用且符合煤岩实际的本构关系,因而将更为有效。在这方面,辽宁工程技术大学力学与工程学院以煤岩等准脆性材料为背景开展了实验研究、理论研究和数值模拟工作,将变形局部化的数值模拟研究与矿震的失稳理论紧密结合起来。

(10)矿震失稳理论(Mining Tremor Instability Theory)

库克于1965年最早认识到矿震是力学上的失稳,后来经过Salamon,Crouch及佩图霍夫等的研究工作而使得这一认识更加完善。1987年以来,章梦涛、潘一山等提出矿震失稳理论,得到了国内外同行的认可并广泛引用。矿震失稳理论认为:由破坏后的非稳定的煤、岩材料和破坏前的稳定材料组成的煤岩结构,处于非稳定平衡状态时受扰失稳即发生矿震。非稳定平衡准则即为矿震发生准则,包括能量准则和动力准则,并描述了各种参数对矿震的影响。对煤体压缩型矿震、顶板断裂型矿震和断层错动型矿震的发生机理分述如下。

① 断层错动型矿震:由于断层错动型矿震都发生在断层附近,所以必须考虑断层和围岩的上下盘组成的断层围岩系统,如图1-1所示。如用试验装置来研究断层错动矿震,需首先施加一定的正压力和剪切力,使断层系统处于稳定平衡状态;然后减小正压力,观测断层矿震的发生情况,模拟开采的影响。实验证明了煤层开采后会引发断层矿震。当正压力较小时,只产生稳定的滑动,只有正压力达到一定值时,才开始产生突然的错动,即只有当采深较大且上覆岩层产生的正压力足够大时才发生断层矿震;浅部开采只会引起断层的稳定滑动,不会引起突发式断层错动矿震。

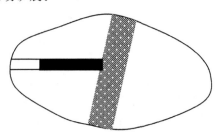

图 1-1　断层围岩系统

在没有开采前,断层带介质和上、下盘围岩处于静平衡状态。煤层开采后,形成自由空间,对断层形成附加剪切应力,在该附加剪切应力和原有的剪切应力作用下,断层带岩石发生变形。一般情况下,与上、下盘围岩相比,断层带岩石为较软弱岩石,其应力—应变关系如图 1-2 所示。当开采范围较小时,附加应力较小,此时断层带岩石仍处于峰值强度前阶段,是稳定材料。随着开采范围的扩大,工作面距断层的距离缩小,附加剪应力增大,当附加剪切应力和原有断层带剪切应力之和大于峰值强度 τ_c 时,断层带岩石变成应变软化材料,成为非稳定的。由于一般情况下上、下盘围岩强度要远远大于断层带岩石的强度,所以此时上、下盘围岩还处于弹性或硬化阶段,是稳定材料。这样整个变形系统就由两部分材料组成——断层带的非稳定材料和上、下盘的稳定材料,当断层带岩石变形达到一定值时,变形系统处于非稳定状态,在开采扰动下就会发生失稳而产生断层型错动矿震。

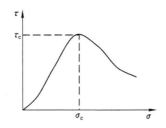

图 1-2　断层带岩石应力—应变关系

此外,国内外学者已经对断层矿震进行了大量的研究工作,并建立了相应的力学模型和失稳判据。但是,这些研究究其本质只是对单一断层进行研究,而地垒组合型断层失稳如何诱发矿震呢?下面对地垒组合断层影响区顶板平衡结构进行解析,并介绍断层矿震能量机理和断层错动失稳机制及准则,为后续对地垒断层型矿震的监测、预报及防治奠定理论基础。

a. 煤层具有塑性软化性质,将顶板简化为弹性剪切梁模型用于分析存在地垒断层影响区顶板平衡结构的力学分析表明,工作面向地垒断层推进时,顶板形成剪切梁平衡结构,若最大等效剪力达到顶板极限值时初次来压,且顶板断裂位置出现在煤层内部,这就是基本顶超前断裂现象。

b. 随着采掘活动的进行,采空区 a 增加,出现破碎区 r、塑性区 b。故将顶板简化为弹塑性剪切梁模型用于分析存在地垒断层的采场顶板初次来压和周期来压。当 a 微小增大,造成 r、b 的迅速增大,最大等效剪应力达到断层剪切极限值时,断层错动,释放能量,系统失稳,发生矿震。如果在断层错动之前顶板先发生破断,破断位置在 $x=L$ 或 $x=L-a$ 处。如果 $a_e < a_1 < a_s$,则顶板破断发生在煤层弹塑性变形阶段;如果 $a_1 > a_s$,则顶板破断发生在煤层弹塑残变形阶段。各阶段如果断层没有错动,而顶板破断,则为周期来压。用弹塑性剪切梁模型对东滩煤矿进行地垒断层顶板来压理论分析的结果与实际情况很好地吻合,能够为准确预报顶板来压提供理论依据。

综上所述,地垒断层型矿震发生机制研究有以下主要结论:

a. 地垒构造形式下,煤层被采出后,采空区上方受到拉张应力,由于断层具有张应力性质,被断层切割的梯形岩块与断层面之间几乎没有摩擦阻力,因而岩块容易向下垮落,从而发生矿震事故。

b. 首先认为煤层具有塑性软化性质,将顶板简化为弹性剪切梁模型用于分析存在地垒断层的采场顶板初次来压,确定了顶板最大等效剪应力所在位置,得到了顶板初次垮落步距的计算公式。随着采空区跨度的不断增加,顶板等效剪应力不断增大。当最大等效剪应力达到顶板强度极限值时,顶板初次来压,且断裂位置出现在煤层内部。然后将顶板简化为弹塑性剪切梁模型用于分析存在地垒断层的采场顶板初次来压和周期来压,当最大等效剪应力达到断层剪切极限值时,断层错动,释放能量,发生矿震。

c. 对断层错动矿震的发生机理研究发现,开采对断层应力场的影响主要体现为断层剪应力的增加和断层正应力的降低。通过建立断层错动矿震发生的能量准则和扰动响应准则发现断层带介质软化特性及开采深度对断层错动矿震发生具有很大影响。

② 煤体压缩型矿震:由于采矿活动形成的煤岩结构,其组成材料为煤和岩石,煤岩结构中的一部分材料不可避免地要在超过峰值强度的塑性区工作。特别是煤体,其抗压强度远低于围岩的抗压强度,成为煤岩结构中的薄弱部分。试验表明,煤(岩)试件具有应变软化性质和变形局部化现象。圆形巷道的变形局部化现象的试验结果及其数值模拟结果表明,煤岩结构的变形向某一具有一定尺度的区域集中,煤岩结构系统由平衡态向非平衡态过渡,当受到外界扰动时,煤岩结构失稳而产生煤体压缩型矿震。

煤体压缩型矿震是矿井中最常见的一种矿震,如煤柱矿震、厚煤层中采区巷道矿震以及发生在采煤工作面的矿震,都是煤体压缩型矿震。它是煤岩结构在载荷作用下而失稳破坏的动力现象。采动影响下发生的煤岩体变形过程是很缓慢的,可以视为准静态过程,在矿震发生前的煤岩体可以视为处于准静态平衡状态。

典型的岩石类材料全程应力—应变曲线如图1-3所示。曲线一般可分为四个区域:OA区内,由于岩石原生裂纹压密,曲线稍凹。在AB阶段,随着岩石载荷增加,在原有裂纹压密的同时,岩石不断产生新的裂纹,二者基本相当,使AB段呈线弹性性质。一般在峰值强度的三分之二处,开始了BC段。在此阶段内,若对岩石进行卸载至零,则残留永久变形,即此阶段材料已进入塑性变形阶段,但一般情况下该阶段较短。到达峰值强度后,岩石承载能力随变形增加而降低。如果在普通实验机上,由于其刚度不足,在刚达到或稍过峰值强度时岩石就会发生突然破坏,类似矿震发生。而在刚性实验机上,停止加载则变形停止。虽然承载能力随变形增加而降低,但要使岩石试件继续变形还需继续做功。由以上可见,在未达到峰值强度前的弹性阶段和应变硬化阶段,岩石承载能力随变形增加而增加,是稳定材料。在超过峰值强度后,岩石产生应变软化,承载能力随变形增加而降低。根据塑性力学中稳定材料的 Drucker 准则,此时岩石已变成非稳定材料。

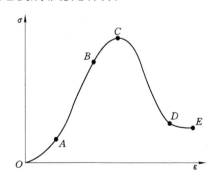

图 1-3 典型的岩石类材料全程应力—应变曲线

采矿活动形成的地下煤岩结构,其组成材料为煤和岩石,与一般机械和土木工程结构不同,这些煤岩结构中一部分材料不可避免地要在超过峰值强度的变形区工作。例如,地下开采后,由于应力集中,在采煤工作面煤壁或巷道周边,应力超过强度极限,煤岩材料变成了应变软化的非稳定材料,而深部受采动影响较小的区域仍处于硬化或弹性阶段。所以煤岩结构一般可分成两个区域:深部区域是稳定材料,靠近边界的区域是非稳定材料,而这两部分区域的大小是随着煤岩结构所受载荷大小或随着采掘进行而变化的。随着开采范围扩大、煤岩体进入峰值强度后变形的区域加大、应变软化程度的加深,煤岩结构由稳定的平衡向非稳定平衡过渡。当成为非稳定平衡时,在外部扰动下,系统的原有平衡状态失稳而发生矿震。

③ 顶板断裂型矿震:顶板的稳定性主要受拉应力控制,岩石微破裂的发生、发展是拉伸破裂的结果,每个拉伸破裂都是一次拉伸失稳释放能量的过程。在井下采煤工作面经常会感觉到这一类拉伸失稳而产生的震动。在一定的条件下,特别是在坚硬且完整的岩层中,将会出现较大范围的拉应力区而发生微破裂。由于不断受到扰动,微破裂不断增加,平衡状态的稳定性逐渐减小,当最后处于稳定平衡的极限状态时,微小扰动引起的微破裂转移造成雪崩式的连锁反应,发生拉伸失稳破坏,顶板岩层突然裂开,产生宏观裂缝,使得系统储存的弹性能迅速释放而发生顶板断裂型矿震。北京木城涧矿大台井急倾斜煤层坚硬顶板断裂型矿震的模拟试验研究结果表明,对于急倾斜煤层在具有坚硬顶底板的情况下,顶板不冒落,形成大面积悬顶,一旦顶板断裂,将发生大震级的矿震。

通过建立顶板断裂型矿震分析模型,研究顶板断裂型矿震发生机理。

图 1-4 给出了顶板断裂型矿震分析模型,煤层之上为坚硬且厚的完整顶板。煤层已推进了 L 距离,由于是坚硬顶板,顶板并没有冒落,此时在顶板的压缩载荷作用下,煤层已出现压缩应变软化区,但由于顶板坚硬完整,刚度很大,所以煤壁处应力集中系数较小,因而煤层软化区的大小并不大。一般情况下,煤层顶板系统不会因出现了煤层软化区而失稳。但是,当采空区面积进一步增大时,悬顶面积加大,在顶板下部位于采空区中心附近将出现较大拉应力。图 1-5 给出了岩石拉伸应力—应变关系。与压缩特性相比,岩石拉伸明显有两个特点:一是岩石承受抗拉能力较低,仅为抗压强度的十分之一左右。二是岩石受拉时,超过峰值抗拉强度后岩石抗拉能力迅速下降,与压缩情况下同样定义降模量,则拉伸情况下降模量很大。

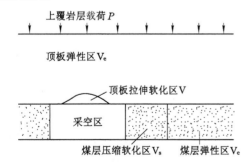

图 1-4　顶板断裂型矿震模型

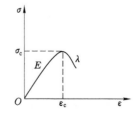

图 1-5　岩石拉伸应力—应变关系

工作面不断推进,悬顶面积不断增大,顶板拉伸应力区不断扩大,当拉伸应力超过峰值拉伸强度时,岩石变成拉伸应变软化材料。当悬顶面积很大时,在顶板下部将形成一定区域的拉伸应变软化区,同样这部分材料也是非稳定的,这样煤层顶板系统就出两大类材料组成:一类是稳定材料的顶板弹性区和煤层弹性区,另一类是非稳定的顶板拉伸软化区和煤层压缩软化区,因而该系统存在稳定性问题。当拉伸软化区和压缩软化区达到一定大小时,系统处于非稳定状态,受扰动将发生顶板断裂型矿震,顶板沿拉伸区迅速扩展而断裂,释放顶板弹性区贮存的能量,冲击煤层,使煤层也受到破坏。所以顶板断裂型矿震的震源在顶板处拉伸应力最大处。如果受均布力作用,最大拉应力在采空区中心处的上方顶板处,这也证实了顶板断裂型矿震的观测结果。

1.4 矿震波在均匀介质中的传播规律

1.4.1 矿震三维激振模型的建立

本节讨论矿震发生的位置相对于地壳而言可视为一单元体结构。假设介质均匀、连续、各向同性。这时介质中某一点发生破坏,扰动会由这一点呈放射线状传播,即介质中各点扰动情况呈以该点为中心的中心对称状,现在取任意一条放射线研究,其等效于一端固定一端自由的弦,研究纵波的振动及波动情况。

根据材料应变和位移的关系,以及材料应力和应变的关系,推导出波动在材料中的运动微分方程,从而得到三维波动微分方程,即矿震三维激振模型,当位移取初值时为振动方程:

$$\rho \frac{\partial^2 u}{\partial t^2} = \rho F + \frac{E}{2(1+\mu)} \nabla^2 u + \frac{E}{(1-2\mu)(1+\mu)} \nabla(\nabla \cdot u) \tag{1-1}$$

由于矿震震源一般呈点状破坏,其形成的扰动多表现为对岩体的压缩和拉伸,这与纵波的特性相似;矿震震源的点状破坏具有瞬发性,介质一般不会产生转动变形效应,这与无旋波的特性相似。

基于这些事实,采用纵波作为矿震波的近似模型,这是因为,纵波中质点沿波的传播方向震荡,且纵波只有体积变形,无转动变形和剪切变形,即纵波是一种无旋波,所以用其描述矿震波是合适的。

纵波在弹性介质中旋度为零,即 $\mathrm{rot}\ \mu = \nabla \times \mu = 0$。

对式(1-1)两边取散度:

$$\rho \mathrm{div}\ F + \frac{E}{2(1+\mu)} \nabla^2 D + \frac{E}{(1-2\mu)(1+\mu)} \nabla^2 D = \rho \frac{\partial^2 D}{\partial t^2} \tag{1-2}$$

式中,$D = \mathrm{div}\ \mu = \nabla \cdot \mu$,整理后得:

$$\mathrm{div}\ F = \frac{\partial^2 D}{\partial t^2} + \frac{E - E\mu}{2(1+\mu)(1-2\mu)\rho} \nabla^2 D \tag{1-3}$$

定义 $\mathrm{div}\ F$ 的物理意义为质点所受的胀缩力,则式(1-2)只描述胀缩力。纵波中的质点只存在体积变形,只受胀缩作用,可以看到用式(1-3)描述纵波是合适的。

定义

$$\mathrm{div}\ F = \frac{\partial^2 D}{\partial t^2} + \frac{E - E\mu}{2(1+\mu)(1-2\mu)\rho} \nabla^2 D$$

式(1-3)如果不考虑外力作用,即 $\mathrm{div}\ F = 0$,得到:

$$\frac{(3-2\mu)E}{2(1+\mu)(1-2\mu)}\nabla^2 D = \rho\frac{\partial^2 D}{\partial t^2} \tag{1-4}$$

定义

$$\begin{cases} r = (x,y,z) \\ D = E(r,t) \\ \dfrac{(3-2\mu)E}{2(1+\mu)(1-2\mu)\rho} = v^2 \end{cases}$$

得到无外力作用时无旋纵波的波动方程:

$$\nabla^2 E(r,t) = \frac{1}{v^2}\frac{\partial^2 E(r,t)}{\partial t^2} \tag{1-5}$$

等相面是球面,且等相面上振幅处处相等的波称为球面波。置于均匀各向同性介质中的"点状"扰动,产生的波动为球面波。球面波具有球对称性,波函数只与 $r(x,y,z)$ 有关,定义球面波的波函数为 $E(r,t)$,则该球面波的波动微分方程与式(1-5)形式相同。

球坐标系参量与直角坐标系参量的关系:

$$\begin{cases} x = r\sin\theta\cos\theta \\ y = r\sin\theta\sin\theta \\ z = r\cos\theta \end{cases}$$

由于:

$$\nabla^2 E(r,t) = \frac{\partial^2 E}{\partial x^2} + \frac{\partial^2 E}{\partial y^2} + \frac{\partial^2 E}{\partial z^2}$$

而且有:

$$r^2 = x^2 + y^2 + z^2$$

得到:

$$\frac{\partial E(r,t)}{\partial x} = \frac{\partial E}{\partial r}\cdot\frac{\partial r}{\partial x} = \frac{x}{r}\cdot\frac{\partial E}{\partial r}$$

$$\frac{\partial E^2(r,t)}{\partial x^2} = \frac{\partial\left(\dfrac{x}{r}\cdot\dfrac{\partial E}{\partial r}\right)}{\partial x} = \frac{x^2}{r^2}\cdot\frac{\partial^2 E}{\partial r^2} + \frac{1}{r}\left(1-\frac{x^2}{r^2}\right)\frac{\partial E}{\partial r}$$

同理得到 $\dfrac{\partial^2 E}{\partial y^2}$ 和 $\dfrac{\partial^2 E}{\partial z^2}$,故:

$$\nabla^2 E(r,t) = \frac{1}{r}\cdot\frac{\partial^2[rE(r,t)]}{\partial r^2}$$

将以上结果代入波动微分方程得到:

$$\frac{1}{r}\frac{\partial^2[rE(r,t)]}{\partial r^2} = \frac{1}{v^2}\cdot\frac{\partial^2 E(r,t)}{\partial t^2}$$

或

$$\frac{\partial^2[rE(r,t)]}{\partial r^2} = \frac{1}{v^2}\cdot\frac{\partial^2[rE(r,t)]}{\partial t^2}$$

或

$$\nabla^2[rE] = \frac{1}{v^2}\cdot\frac{\partial^2[rE]}{\partial t^2}$$

上式的近似解:

$$rE(r,t) = B_1(r-vt) + B_2(r+vt)$$

或

$$E(r,t) = \frac{1}{r}B_1(r-vt) + \frac{1}{r}B_2(r+vt)$$

式中 B_1——以 $(r+vt)$ 为自变量的任意函数,表示沿 r 正方向传播的发散球面波;

B_2——以 $(r+vt)$ 为自变量的任意函数,表示沿 $-r$ 方向传播的会聚球面波。

若规定用 v 的正负号代表球面波的发散和会聚特性 ($v>0$,发散;$v<0$,会聚),则球面波的波函数可用 B_1 的形式代表。

现在设扰动为简谐振动,即波动方程的初始值为一简谐波函数,则有简谐球面波:

$$E(r,t) = \frac{E_0}{r}\cos(kr - \omega t + \psi_0)$$

或

$$E(r,t) = \frac{E_0}{r}\exp[\mathrm{j}(kr - \omega t + \psi_0)]$$

复振幅: $$E(r,t) = \frac{E_0}{r}\exp[\mathrm{j}(kr + \omega t + \psi_0)]$$

上述简谐球面波参量的特点如下:

① 振幅 $\frac{E_0}{r}$:E_0 为波源的强度,振幅与传播的距离成反比,但在 r 相同的球面上振幅仍然均匀相等。

② 相位 $\varphi = kr - \omega t + \varphi_0$,$\varphi_0$ 为初始相位;φ 具有空间和时间上的周期性。

③ 球面波的时间参量:时间参量 T, v, ω 的定义和性质与平面波完全相同。

④ 球面波的空间参量:沿 r 方向考察时:球面波位相具有 2π 空间周期性。位相改变 2π 的两个等相面之间的距离为空间周期,表示为 λ,即为其波长。r 方向的空间频率:$f = \frac{1}{\lambda}$。

⑤ k 的大小:可利用球面波的位相具有 2π 空间周期性求出。

下面用图 1-6 进一步说明简谐球面波的传播特点。

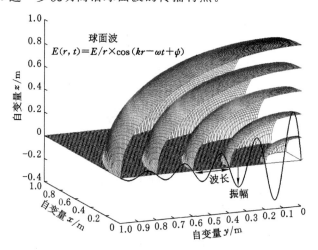

图 1-6 简谐球面波参量示意图

① 从图中可以看出,波阵面(等相面)是球面。

② 波动周期、频率和波长为定值,在图中表现为各等相面之间的间隔相等。

③ 图中衰减的余弦曲线表示各等相面之间质点的振幅,由于振幅等于 E_0/r,振幅与传播的距离成反比,余弦曲线峰值的衰减直观表示了波动强度(振幅)的衰减。

1.4.2 激振模型在震相识别中的应用

上述三维激振模型应用在辽宁工程技术大学冲击地压研究院研制的"矿震监测定位系统"中。现将该系统的工作原理以及三维激振模型在其中的配合应用简介如下:

(1)矿震信号的采集与识别:通过在适当位置布设传感器进行信号监测,在传感器接收的各种频率信号中,判断信号频率范围为 $1\sim40$ Hz,这与三维激振模型的频率范围一定是吻合的。应用滑动平均法进行滤波,滤波后信号振幅大于原始信号的 2/3 为矿震信号。

(2)矿震震级计算:采用持续时间震级计算矿震震级的大小,持续时间震级采用地震波持续时间同地震震级的相关性来反映震源强度。矿震震级计算中持续时间震级公式可设为 $M_0=a+b\lg\tau$,振动持续时间 τ 的长短标志着矿震的强弱,受仪器、台基、地区结构特性的影响而有不同的表现,因此应该通过对现场试验数据的最小二乘拟合来求出各系数(详见第 5 章)。

(3)矿震震源定位:选择 4 个台站的多台定位法进行定位。矿震震源与第 i 个传感器之间的走时方程是非线性的,由于不能采用一般方法处理非线性方程,故将第 i 个测点的走时方程减去第 k 个测点的走时方程,将非线性方程转化为线性方程组,其中的 $m-1$ 个独立方程可以产生多种不同的定位方式,选取一个以每个传感器贡献的信息均等为准则的特殊集合,可以抵消测量得到的各个传感器的坐标和到时的误差,用高斯消去法解之,必要时可以用泰勒级数对震源的时空参数进行修订(详见第 4 章)。

综上所述,在三维激振模型建立后,将其应用于该"矿震监测定位系统",采用优化后的矿震监测台站进行监测(参见第 2 章),然后进行现场信号接收,并进行数据处理。表 1-1 和表 1-2 分别列出了震级计算和定位计算的前后对比。

表 1-1 三维激振模型应用前后的震级计算对比

序号	发震时刻	M_W	M_D	M_d	τ
1	2009-12-8 8:32:41	1.74	-5.66	1.55	0.20
2	2010-1-7 16:10:32	1.72	-5.88	1.51	0.18
3	2010-4-4 21:02:36	2.08	-4.14	1.79	0.37
4	2010-4-8 12:29:35	2.08	-2.82	2.00	0.62
5	20105-4-8 4:02:58	2.13	-3.94	1.82	0.40
6	2010-4-8 14:59	2.09	-2.13	2.11	0.83

表 1-2 三维激振模型应用前后的定位计算对比

序号	理论发震时刻	理论震源/m	模型应用前计算震源/m	误差/m	模型应用后计算震源/m	误差/m
1	2010-7-12 05:20:12	$x=-19\,000$; $y=4\,420\,000$; $z=830$	$x=-19\,000.046\,5$; $y=44\,200\,001.013$; $z=828.864\,7$	$\Delta x=0.046\,5$; $\Delta y=-1.013$; $\Delta z=1.135\,3$	$x=-19\,000.021$; $y=44\,200\,000.614$; $z=829.017\,4$	$\Delta x=0.021$; $\Delta y=-0.614$; $\Delta z=0.982\,6$

序号	理论发震时刻	理论震源/m	模型应用前计算震源/m	误差/m	模型应用后计算震源/m	误差/m
2	2010-7-14 14:44:51	$x=-15\ 500$; $y=4\ 420\ 370$; $z=760$	$x=-15\ 500.012\ 5$; $y=4\ 420\ 370.003\ 8$; $z=760.064\ 9$	$\Delta x=0.012\ 5$; $\Delta y=-0.003\ 8$; $\Delta z=-0.064\ 9$;	$x=-15\ 500.010\ 9$; $y=4\ 420\ 370.003\ 7$; $z=760.062\ 7$	$\Delta x=0.010\ 9$; $\Delta y=-0.003\ 7$; $\Delta z=-0.062\ 7$;
3	2010-7-17 19:25:18	$x=-16\ 185$; $y=4\ 420\ 320$; $z=790$	$x=-16\ 184.952\ 4$; $y=4\ 420\ 320.987\ 1$; $z=789.687\ 5$	$\Delta x=-0.047\ 6$; $\Delta y=-0.012\ 9$; $\Delta z=0.312\ 5$	$x=-16\ 184.963\ 7$; $y=4\ 420\ 320.988\ 5$; $z=789.762\ 5$	$\Delta x=-0.036\ 3$; $\Delta y=-0.011\ 5$; $\Delta z=0.237\ 5$
4	2010-7-20 17:25:38	$x=-16\ 950$; $y=4\ 421\ 170$; $z=720$	$x=-16\ 949.010\ 6$; $y=4\ 421\ 170.932\ 8$; $z=719.517\ 5$	$\Delta x=0.989\ 4$; $\Delta y=0.067\ 2$; $\Delta z=0.482\ 5$	$x=-16\ 949.041\ 8$; $y=4\ 421\ 170.945\ 2$; $z=719.629\ 8$	$\Delta x=0.958\ 2$; $\Delta y=0.054\ 8$; $\Delta z=0.370\ 2$

1.5　矿震波在分层介质中的传播规律

由于矿震震波传播介质的复杂性,上述均匀介质条件下的矿震震波传播规律具有一定的局限性。因此,本节针对这一问题,提出假设——矿震震波传播过程中介质为层状结构,即将传播介质分为若干层,每层介质近似认为是均匀的。通过该假设条件,基于惠更斯原理建立了矿震震波在非均匀介质条件下的矿震震波传播三维模型。

1.5.1　分层介质中波阵面方程

根根上节中的结论,矿震波在某种介质中的传播速度为:

$$v=\frac{E-E\mu}{2\rho(1+\mu)(1-2\mu)} \tag{1-6}$$

式中　E——介质的弹性模量;

　　　μ——介质的泊松比;

　　　ρ——介质的线密度。

对于介质1:

$$v_1=\frac{E_1-E_1\mu_1}{2\rho_1(1+\mu_1)(1-2\mu_1)} \tag{1-7}$$

对于介质2:

$$v_2=\frac{E_2-E_2\mu_2}{2\rho_2(1+\mu_2)(1-2\mu_2)} \tag{1-8}$$

假设此时震源 O 出发的球面波已经扩散至 T 点,此时球面波半径达到 R,如图1-7中 OT 与 OP 交角设为 t。

根据惠更斯原理,介质中波阵面(波前)上的各点都可以看作发射子波的波源,其后任一时刻这些子波的波迹就是新的波阵面。

现根据惠更斯原理导出波经过介质分界面后的新波阵面的方程。

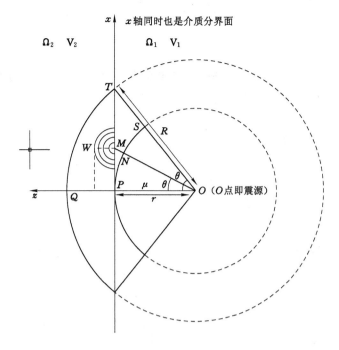

图 1-7 惠更斯原理图

(Ω_1,Ω_2——两种介质;O——震源;R——震源到介质分界面距离)

如图 1-7 所示,波阵面由 S 点到达 T 点时,水平方向上阵面由 P 点传播到 Q 点,所经历时间设为 t,则:

$$t = \frac{R-r}{v_1} = \frac{1}{v_1}\left(\frac{r}{\cos\theta} - r\right) \tag{1-9}$$

现考察 PT 上任一点 M,设 OM 与 OP 交角为 $\mu\theta$($0<\mu<1$):

当 $\mu=0$ 时,M 点与 P 点重合;

当 $\mu=1$ 时,M 点与 T 点重合。

波阵面到达 P 点时,即到达 N 点,波阵面由 N 点传播至 M 点时,设所经历时间为 $t_\mu{}'$:

$$t_\mu{}' = \left(\frac{r}{\cos(\mu\theta)} - r\right)\Big/ v_1 \tag{1-10}$$

此后当波阵面水平方向传播到 Q 点时,以 M 点为子波波源的子波水平方向传播到 W 点,所经历时间为 t_μ:

$$t_\mu = t_\theta - t_\mu{}' = \frac{r}{v_1}\left[\frac{1}{\cos\theta} - \frac{1}{\cos(\mu\theta)}\right] \tag{1-11}$$

以 P 点为坐标原点,水平方向为 z 轴,竖直方向为 x 轴,建立坐标系,则 W 点坐标可表示为(x_W,z_W),其中:

$$\begin{cases} z_W = v_2 t_\mu = \dfrac{v_2}{v_1}r\left[\dfrac{1}{\cos\theta} - \dfrac{1}{\cos(\mu\theta)}\right] \\ x_W = r\tan(\mu\theta) \end{cases} \tag{1-12}$$

式中,r、θ、v_1、v_2 为常量;$F(x,z)$ 是以 μ 为参数的参数方程,其表示的曲线就是波穿过介质分界面后形成的新波阵面的形状,消去 μ 可得 $F(x,z)$ 的隐式方程:

$$(r^2 + x^2)(v_2 \cos \theta)^2 = (v_2 r - z v_1 \cos \theta)^2 \tag{1-13}$$

1.5.2 矿震波的波阵面

为了能直观看到它所表示的曲线形状,现在取特殊的 r、θ、v_1、v_2,利用以 μ 为参数的参数方程画波阵面图形,用直观的图形表示波阵面,并与波在均匀介质中的球状波阵面对比。

① 取 $r = 10$ m,$v_1 = a$,$v_2 = 2a$(即 $v_1 = 0.5 v_2$)。

当 $\theta = \pi/6$ 时,参数方程化为:

$$\begin{cases} z = 20 \times \left(\dfrac{2}{\sqrt{3}} - \dfrac{1}{\cos \dfrac{\mu \pi}{6}} \right) \\[2em] x = 10 \times \tan \dfrac{\mu \pi}{6} \end{cases} \tag{1-14}$$

当 $\theta = \pi/4$ 时,参数方程化为:

$$\begin{cases} z = 20 \times \left(\dfrac{2}{\sqrt{2}} - \dfrac{1}{\cos \dfrac{\mu \pi}{4}} \right) \\[2em] x = 10 \times \tan \dfrac{\mu \pi}{4} \end{cases} \tag{1-15}$$

当 $\theta = \pi/3$ 时,参数方程化为:

$$\begin{cases} z = 20 \times \left(2 - \dfrac{1}{\cos \dfrac{\mu \pi}{3}} \right) \\[2em] x = 10 \times \tan \dfrac{\mu \pi}{3} \end{cases} \tag{1-16}$$

将上述 3 种 θ 的波阵面画在同一幅图中,并与均匀介质中的球形波阵面对比,见图 1-8。

从图 1-8 中可以看出,当介质 1 中的波速 v_1 小于介质 2 中的波速 v_2 时,介质 2 中的波阵面更尖锐,比均匀介质中的球形波阵面超前。因此该方程的描述是符合实际情况的。

② 取 $r = 10$ m,$v_1 = 2a$,$v_2 = a$(即 $v_1 = 2v_2$)。

当 $\theta = \pi/6$ 时,参数方程化为:

$$\begin{cases} z = 5 \times \left(\dfrac{2}{\sqrt{3}} - \dfrac{1}{\cos \dfrac{\mu \pi}{6}} \right) \\[2em] x = 10 \times \tan \dfrac{\mu \pi}{6} \end{cases} \tag{1-17}$$

当 $\theta = \pi/4$ 时,参数方程化为:

$$\begin{cases} z = 5 \times \left(\dfrac{2}{\sqrt{2}} - \dfrac{1}{\cos \dfrac{\mu \pi}{4}} \right) \\[2em] x = 10 \times \tan \dfrac{\mu \pi}{4} \end{cases} \tag{1-18}$$

当 $\theta = \pi/3$ 时,参数方程化为:

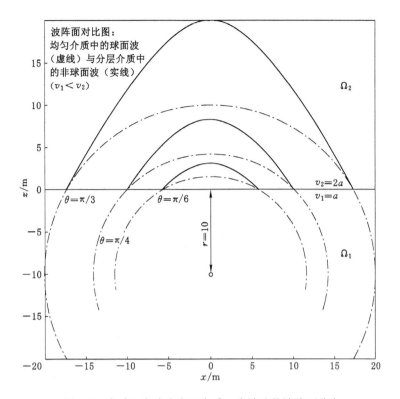

图 1-8 介质 1 中波速小于介质 2 中波速的波阵面分布

$$
\begin{cases}
z = 5 \times \left[2 - \dfrac{1}{\cos \dfrac{\mu\pi}{3}} \right] \\[3mm]
x = 10 \times \tan \dfrac{\mu\pi}{3}
\end{cases}
\tag{1-19}
$$

将上述 3 种 θ 的波阵面画在同一幅图中,并与均匀介质中的球形波阵面对比,见图 1-9。

从图 1-9 可以看出,当介质 1 中的波速 v_1 大于介质 2 中的波速 v_2 时,介质 2 中的波阵面更平缓,比均匀介质中的球形波阵面落后。因此该方程的描述是符合实际情况的。

③ 显然当 $v_1 = v_2$ 时,参数方程化为:

$$
\begin{cases}
z_{\mathrm{w}} = v_2 t_\mu = r \left[\dfrac{1}{\cos \theta} - \dfrac{1}{\cos (\mu\theta)} \right] \\[3mm]
x_{\mathrm{w}} = r \tan(\mu\theta)
\end{cases}
\tag{1-20}
$$

上述参数方程表示的曲线为圆的一部分,并与均匀介质中的相同 θ 值对应的球形波阵面重合。即当分界面两侧的介质为同一介质时,穿过分界面后的矿震波的波阵面退化为均匀介质中的球形波阵面。这与实际情况是吻合的。

1.5.3 三维波阵面方程

以上为二维情况,可以方便地推广到三维。因为从波源出发的是球面波,经过介质分界面后产生的新波阵面一定关于 z 轴呈中心对称状,将方程(1-13)中的 x 替换为 $\sqrt{x^2 + y^2}$,可以得到二维曲线 $F(x, z)$ 绕 z 轴旋转后形成的曲面,即波阵面的三维方程:

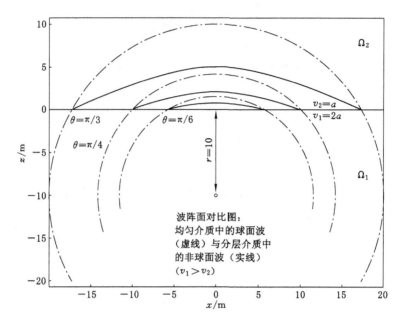

图 1-9　介质 1 中波速小于介质 2 中波速的波阵面分布

$$(r^2 + x^2 + y^2)(v_2 \cos \theta)^2 = (v_2 r - z v_1 \cos \theta)^2 \tag{1-21}$$

相应的参数方程为：

$$\begin{cases} x = r\tan(\mu\theta)\cos\psi \\ y = r\tan(\mu\theta)\sin\psi \\ z = \dfrac{v_2}{v_1}r\left[\dfrac{1}{\cos\theta} - \dfrac{1}{\cos(\mu\theta)}\right] \end{cases} \tag{1-22}$$

式中，ψ 表示 OM 在 x,y 面上投影与 x 轴的夹角。

1.5.4　矿震震波经介质变化面后任意点的波动方程

对于穿过介质分界面后的任意一点 (x_0, y_0, z_0)，可由 x_0 或 y_0 求出参数 μ_0。对于 θ，它是与发震时间有关的变量，为发震时刻至考察时刻所经历的时间乘以波阵面在介质分界面上传播的角速度（以震源为旋转中心），代入

$$z = \frac{v_1}{v_2} \cdot r \cdot \left[\frac{1}{\cos\theta} - \frac{1}{\cos(\mu\theta)}\right] \tag{1-23}$$

可得该点沿 z 轴方向传播的子波的传播距离：

$$z_0 = \frac{v_1}{v_2} \cdot r \cdot \left[\frac{1}{\cos\theta} - \frac{1}{\cos(\mu_0\theta)}\right] \tag{1-24}$$

根根上小节的结论，有：

$$E(r,t) = \frac{E_0}{r}\cos(kr - \omega t + \psi_0) \tag{1-25}$$

所以令式(1-25)中 $r=0$，得子波的初振动为：

$$Y = \frac{A\cos(wt + \psi_0)}{\sqrt{x_0^2 + y_0{}^2}/\sin(\mu_0\theta)} = \frac{A\cos(wt + \psi_0)\cdot\sin(\mu_0\theta)}{\sqrt{x_0^2 + y_0^2}} \tag{1-26}$$

当 $t = \dfrac{z_0}{v_2}$ 时，z_0 点与初振动振幅相同，即

$$Y_0 = \frac{A\cos\left[w\left(t - \dfrac{z_0}{v_2}\right) + \psi_0\right]\sin(\mu_0\theta)}{z_0\sqrt{x_0^2 + y_0^2}} \qquad (1\text{-}27)$$

这就是震波经过介质后在某点形成的子波的波动方程。

注：根据惠更斯原理，波阵面上某点发射的子波仍为球面波，即 (x_0,y_0,z_0) 处子波的波阵面关于 O 呈中心对称，所以这个方程对于 x,y,z 三个方向的波动均适用。

1.5.5 波阵面在介质变化面上的传播速度

有必要研究波阵面在介质分界面上覆盖范围的传播速度，以利于在分界面处布设监测站来获得参数 θ,r。设某时球面波在介质分界面上的覆盖范围为 $2h$，则：

$$h^2 + r^2 = R^2 \qquad (1\text{-}28)$$

两边对 t 求导得：

$$2h\frac{\mathrm{d}h}{\mathrm{d}t} = 2R\frac{\mathrm{d}R}{\mathrm{d}t} \qquad (1\text{-}29)$$

因为有：

$$\frac{\mathrm{d}R}{\mathrm{d}t} = v_1 \qquad (1\text{-}30)$$

所以有：

$$\frac{\mathrm{d}h}{\mathrm{d}t} = \frac{R}{h}v_1 = \frac{v_1}{\sin\theta} \qquad (1\text{-}31)$$

即波阵面在介质分界面上的传播速度为 $\dfrac{v_1}{\sin\theta}$。

1.6 本章小结

本章对各类矿震的发生条件及类型特征做了总结和分析。综合国内外相关研究成果，叙述了矿震的发生条件，并分别根据矿震的物理特征、矿震的能量特征、参与矿震的岩体类别、矿震力源、矿震发生失稳机理对矿震进行分类；详细论述与总结了断层错动型矿震、煤体压缩型矿震、顶板断裂型矿震的发生机理。

建立了均匀介质中矿震波的三维显式波动方程以及分层介质中的三维显示波动方程。在矿震监测系统的应用表明，该两种模型有效提高了震级计算和定位计算的精度。模型的建立符合矿震发生机理，又为后期矿震震级计算和精确定位奠定了理论基础，能够为煤炭安全生产提供有力的保障，进一步完善矿山开采动力学理论体系和构建矿震灾害的预测预报体系起到促进作用。

2　矿震监测台站的空间分布研究

矿震信号的接收直接影响矿震的定位精度。为了提高矿山地震定位精度,本书通过分析定位误差产生的原因,提出减少这些误差的方法,以提高矿震定位精度。研究表明,定位误差主要来自于随机定位误差和系统偏差。给定速度模型,随机误差由地震波到时准确性和震中与观测站间的几何图形来决定。因此,本章重点研究矿震监测台站的空间分布,提出台站空间分布准则,并在北京昊华能源有限公司木城涧煤矿和兖州东滩煤矿进行了实际应用,获得了较好的效果。

2.1　概述

目前矿震的监测工作大多数是借鉴地震监测的方法,最早对地震观测站最佳空间布置的研究始于日本,通过使用 Monte Carlo 方法模拟地震波的过程,后期应用于印度和前南斯拉夫。在这些早期的研究工作中,没有考虑描述地震波传播方程的特征。后来这些问题被 Crosson、Peters 和 Crosson 解决,他们采用以最小二乘法原理为基础的预测分析描述了精确评价区域地震位置的方法。

Arora 等通过建立 4 台站和 6 台站区域二维网络进行了大量的不同三角定位能力的研究。Wirth 和 Uhrhammer 提出了对于特别网络几何定位效率定量的方法。Souriau 和 Woodhouse 通过比较不同的候选地点,考虑最大限度提高地震事件参数,创立了拓展一个已存在的网络几何的方法。

综上所述,对于矿山地震监测台站分布规律的研究将有助于矿震的精确定位,如何将地震监测理论有效转化为矿震的监测方法是我们需要研究的重要问题。本章从矿震监测台站的空间分布出发,研究监测台站的空间分布规律对矿震精确定位的影响。

2.2　监测台站分布准则

确定矿山地震发生的位置是煤矿震级研究的第一步。在煤矿实践中,震中位置精确值达到几十米,甚至几米才能够满足要求。定位分析误差可能有两种原因:随机定位误差和系统偏差。第一种类型是由于观测到时的错误所导致的随机误差,第二种类型是由于不同的岩石结构而导致的系统误差,主要是在来源、接收器和使用定位程序的速度模型之间产生的。系统误差的影响可以通过传播时间异常的细致分析来消除,或者通过群地震同时发生的位置和速度模型消除。因此,震中参数的随机误差值可以用于确定地震观测站空间分布质量标准。给定速度模型,随机误差依靠地震波到时的准确性和震中与观测站间的几何图形来决定。因此,最佳发生位置的问题等价于地震观测站空间分布的分析,确保在来源位置程序中随机误差达到最小值。

2.2.1　P 波到时计算

每一个台站到时 t_i 计算公式如下：

$$t_i = t_0 + T(h, S_i) + C_i \tag{2-1}$$

式中　t_0——地震发生的原始时间；

h, S——震中和第 i 个台站笛卡儿坐标系，$h = (x_0, y_0, z_0)$，$S_i = (x_i, y_i, z_i)$；

C_i——第 i 个台站观测到的到时误差，$i = 1, \cdots, n$。

$$\varphi(x) = \sum_i \left| t_i - t_0 - t(h, s_i) \right|^P \tag{2-2}$$

式中　$x = (t_0, x_0, y_0, z_0)$，由 $i = 1$ 到触发台站的数目求和。

式(2-2)中 P 值大于或等于1。最普遍的选择是 $P = 2$，也就是最小平方估计。当选择最小平方估计时，使用残差绝对值的和或者 $P = 1$。

2.2.2　监测台站空间结构的选择

每一个台站结构的选择应该取决于给定结构相关的特定值。然后，最佳的网络分布通过它的最小值确定，这个数值应该取决于地震发生参数 X 的协方差矩阵。选择最佳网络由下面公式来表示。

$$\text{mini } f(C_x) \quad s \in \delta_s \text{ 可能台站的空间域} \tag{2-3}$$

式中，C_x 为地震发生参数 X 的协方差矩阵；$s = (s_1, \cdots, s_n)$，是地震台站坐标。

函数 $f()$ 选择依据要考虑问题的特征。空间结构的最优化，就是取矩阵 C_x 最小行列式值。地震发生参数 x 近似为椭圆体，由下式确定：

$$(x - \hat{x}) C_x^{-1} (x - \hat{x})^{\mathrm{T}} \leqslant C \tag{2-4}$$

式中，$\hat{x}$ 为 x 的估计；C 为常数，近似取 k_{n-4}^2。

椭球体的内容是与 $\sqrt{\det C_x}$ 对称的。

显而易见，优化规则就是通过求矩阵行列式的最小值，使这个椭球体尽可能小。我们将构建的地震台站结构称为优化维数。

地震发生参数的协方差 C_x 由下面公式确定：

$$C_x = [A^{\mathrm{T}} A]^{-1} \tag{2-5}$$

式中，A 为计算到时的偏导数矩阵，由下面公式确定。

$$A = \begin{bmatrix} 1 & \dfrac{\partial T_1}{\partial x_0} & \dfrac{\partial T_1}{\partial y_0} & \dfrac{\partial T_1}{\partial z_0} \\ \vdots & \vdots & \vdots & \vdots \\ 1 & \dfrac{\partial T_n}{\partial x_n} & \dfrac{\partial T_n}{\partial y_n} & \dfrac{\partial T_n}{\partial z_n} \end{bmatrix} \tag{2-6}$$

由式(2-6)，定义 $\det C_x = [\det C_x^{-1}]^{-1}$，求 $\det C_x$ 最小值就是求 $\det A^{\mathrm{T}} A$ 最大值。

2.2.3　监测台站台址选择

建立矿震监测定位系统的首要问题是监测台站的选址。监测区域的地质条件不仅关系到能否接收到矿震信号,而且对提高信号的质量和减少干扰噪声具有重要意义。台站选址应结合被监测矿区的具体情况有针对性地勘选。

选址的基本原则如下:

① 台基应选择在无风化、无破碎夹层、完整、大面积出露的基岩上。

② 岩性要致密坚硬,如花岗岩、辉绿岩、石英砂岩或灰岩等,不宜在风口、滑坡、卵石和砂土层上选台。

③ 台址的地势起伏要小,如台址不得不选在起伏较大的地带时,应尽可能选在低处。

④ 台站应设在地动噪声水平较低的地方。

此外,开采深度小于 400 m 时监测站台可以设在地面,中国煤层一般较深(500～1 000 m,甚至更深),矿震信号的振幅随距离增大迅速衰减,因此矿震监测最好在井下进行。

矿震监测定位系统的监测台站还需空间优化布置。其目的是在构成微震信号进入观测站的时间、观测站的空间坐标以及弹性波在给定介质中的传播速度等组成的线性方程组时,矿震观测站的空间优化布置能使得线性方程组解的条件较好,即观测数据足够小的误差不至于使方程组的解产生较大的误差。因此,台址在满足选址基本原则的前提下,采用 2.2.1 和 2.2.2 所述进行优化布置。

2.3 木城涧煤矿应用实例

本节采用矿震监测定位系统在北京昊华能源有限公司的木城涧煤矿进行实际监测。

2.3.1 木城涧煤矿台址选择

木城涧监测定位系统的台站在选址时考虑了被监测矿区的地质条件。木城涧煤矿位于北京市门头沟区,矿区东西向沿清水河峡谷蜿蜒百里。煤质属于侏罗纪煤系,厚度在 200～700 m 之间。煤系岩性以碎屑岩为主,以长石、石英砂岩分为上下两段:下段赋存主要煤层,可采煤层一般为 5～7 层;上段于门头沟区无可采煤层。煤层总厚度 9～30.7 m。煤层较稳定,岩性、岩相变化大。经过现场勘察,台址可能选择的区域如图 2-1 所示(该图为矿区等高线图),可供选择的有 8 个位置。

在监测过程中,采用 4 个台站进行监测。首次将监测台站随即布置在图 2-1 所示 A,B,C,D,1,2,3,4 其中的 4 个坐标位置。

2.3.2 矿震定位计算方法

不小于 4 个台站的定位,称为多台定位。设矿震震源点 E 的矿区坐标为 (x_0, y_0, z_0),发震时刻为 t_0,假定 P 波在煤岩体介质中以常速度 v_P 传播,则矿震震源与第 i 个传感器之间的走时方程为:

$$[(x_i - x_0)^2 + (y_i - y_0)^2 + (z_i - z_0)^2]^{\frac{1}{2}} - v_P(T_i - t_0) = 0 \quad (i = 1, 2, \cdots, m) \quad (2\text{-}7)$$

式中 (x_i, y_i, z_i)——第 i 个传感器的测量坐标;

$\quad\quad\ T_i$——监测到时;

$\quad\quad\ m$——接收到信号的传感器的个数;

$\quad\quad\ (x_0, y_0, z_0, t_0)$——所要求的微震源的时空参数。

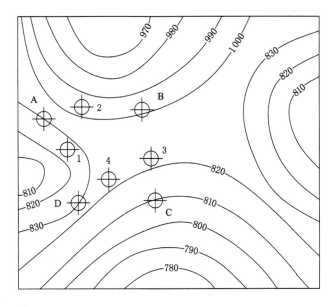

图 2-1 监测台站位置图（单位：m）

如果用第 i 个测点的走时方程减去第 k 个测点的走时方程，将会得到 SW-GBM 算式的所有函数形式：

$$2(x_i - x_k)x + 2(y_i - y_k)y + 2(z_i - z_k)z - 2v_P^2(T_i - T_k)t =$$
$$x_i^2 - x_k^2 + y_i^2 - y_k^2 + z_i^2 - z_k^2 - v_P^2(T_i^2 - T_k^2) \quad (i,k = 1,2,\cdots,m) \quad (2\text{-}8)$$

通过 i 和 k 的不同组合可以产生 $m(m-1)/2$ 个线性方程，其中只有 $m-1$ 个线性独立的方程。式(2-9)给出了一种这样的特殊集合，它的优点是能够抵消测量得到的各个传感器的坐标和到时的误差。

$$2(x_i - x_{i-1})x + 2(y_i - y_{i-1})y + 2(z_i - z_{i-1})z - 2v_P^2(T_i - T_{i-1})t =$$
$$x_i^2 - x_{i-1}^2 + y_i^2 - y_{i-1}^2 + z_i^2 - z_{i-1}^2 - v_P^2(T_i^2 - T_{i-1}^2) \quad (i = 2,3,\cdots,m) \quad (2\text{-}9)$$

方程组(2-9)以矩阵形式表示为：

$$\boldsymbol{A}_{mn}\boldsymbol{X}_n = \boldsymbol{B}_m \quad (2\text{-}10)$$

本定位问题中 $n=4$，求出 x_0，y_0 和 t_0 后代回式(2-8)可得 z_0 的值。

2.3.3 监测台站位置的确定

由 2.3.1 所述内容，在首次安装 4 个台站后，进行监测。获得数据见表 2-1。

表 2-1 理论结果与计算结果对比表

序号	理论发震时刻	理论震源/m	计算震源/m	误差/m
No. 1	2009-5-6 11:06:02	$x_{0T} = -18\,000$; $y_{0T} = 4\,421\,000$; $z_{0T} = 810$	$x_{0C} = -18\,020.037\,3$; $y_{0C} = 44\,210\,017.001\,3$; $z_{0C} = 808.953\,2$	$\Delta x = 20.037\,3$; $\Delta y = -17.001\,3$; $\Delta z = 1.046\,8$
No. 2	2009-5-8 18:32:41	$x_{0T} = -16\,000$; $y_{0T} = 4\,420\,670$; $z_{0T} = 750$	$x_{0C} = -16\,012.007\,9$; $y_{0C} = 4\,420\,661.001\,7$; $z_{0C} = 750.057\,6$	$\Delta x = 12.007\,9$; $\Delta y = -9.001\,7$; $\Delta z = -0.576$

序号	理论发震时刻	理论震源/m	计算震源/m	误差/m
No. 3	2009-5-10 16:25:18	$x_{0T}=-16\,205$; $y_{0T}=4\,420\,550$; $z_{0T}=800$	$x_{0C}=-16\,194.987\,6$; $y_{0C}=4\,420\,541.991\,7$; $z_{0C}=799.752\,8$	$\Delta x=-10.012\,4$; $\Delta y=-8.008\,3$; $\Delta z=0.247\,2$
No. 4	2009-5-14 17:37:06	$x_{0T}=-17\,050$; $y_{0T}=4\,420\,350$; $z_{0T}=700$	$x_{0C}=-17\,043.003\,5$; $y_{0C}=4\,420\,342.956\,0$; $z_{0C}=697.696\,9$	$\Delta x=7.003\,5$; $\Delta y=8.044$; $\Delta z=2.303\,1$

通过表 2-1 中数据可以看出误差较大,因此,按照前述式(2-1)至式(2-6)的方法调整台站的位置,经过 3 次调整后,最终台站布置位置见图 2-1 中 1,2,3,4 点所示,具体坐标为:1($-15\,875$,4 420 814,822.9),2($-16\,255$,4 421 910,999),3 ($-18\,070$,4 420 580,828),4($-16\,955$,4 420 045,829.5)。经过实际测量,误差较小,可以达到预期要求,见表 2-2。

表 2-2 理论结果与计算结果对比表

序号	理论发震时刻	理论震源/m	计算震源/m	误差/m
No. 1	2009-8-15 08:27:15	$x_{0T}=-19\,000$; $y_{0T}=4\,420\,000$; $z_{0T}=830$	$x_{0C}=-19\,000.046\,5$; $y_{0C}=44\,200\,001.013\,8$; $z_{0C}=828.864\,7$	$\Delta x=0.046\,5$; $\Delta y=-1.013\,8$; $\Delta z=1.135\,3$
No. 2	2009-8-16 13:45:40	$x_{0T}=-15\,500$; $y_{0T}=4\,420\,370$; $z_{0T}=760$	$x_{0C}=-15\,500.012\,5$; $y_{0C}=4\,420\,370.003\,8$; $z_{0C}=760.064\,9$	$\Delta x=0.012\,5$; $\Delta y=-0.003\,8$; $\Delta z=-0.649$
No. 3	2009-8-19 20:19:32	$x_{0T}=-16\,185$; $y_{0T}=4\,420\,320$; $z_{0T}=790$	$x_{0C}=-16\,184.952\,4$; $y_{0C}=4\,420\,329.987\,1$; $z_{0C}=789.687\,5$	$\Delta x=-0.047\,6$; $\Delta y=-0.012\,9$; $\Delta z=0.312\,5$
No. 4	2009-8-20 19:32:09	$x_{0T}=-16\,950$; $y_{0T}=4\,421\,170$; $z_{0T}=720$	$x_{0C}=-16\,949.010\,6$; $y_{0C}=4\,421\,170.932\,8$; $z_{0C}=719.517\,5$	$\Delta x=0.989\,4$; $\Delta y=0.067\,2$; $\Delta z=0.482\,5$

综上所述,监测台站的空间分布原则应该满足以下条件:

(1) 台站数量应该尽可能多,条件受到限制时仍应不少于 4 个;

(2) 台站选址应该满足前述基本原则,并充分考虑煤矿地质条件,台站布置区域应尽可能包括整个采区;

(3) 监测台站布置在空间上要做到至少将台站布置在 2 个或者 2 个以上不同高程平面上。

2.4 兖州东滩煤矿应用实例

2.4.1 监测台站台址选择

微震监测系统监测网布置应遵循以下原则:

（1）在空间上监测网应覆盖待测区域，避免形成直线或二次曲线，且要有适当的密度。

（2）测点应尽量接近待测区域，避免大断层及破碎区域影响，同时也要把机械和电气信号的干扰降到最低。

（3）拾振器的监测方向要根据监测环境与监测要求来选择。

（4）在考虑到当前开采区域的基础上将未来一定时期内的开采活动情况考虑其中。

（5）通风应尽量采用现有巷道、硐室和矿井，测点应布置在采动影响范围以外，以降低施工、通风及维修费用。

2.4.2 台站的优化

根据上述基本原则，东滩煤矿共布置 16 个测点，囊括了所有采区的监测。从实际监测情况来看，对微震事件基本保证了 4 个及 4 个以上测点的监测数据，采用了 P 波到时定位，为了保证定位，最少选择 4 个测点接收到微震信号，自动定位最少选用 5 个测点数据。但为了保证定位精度，定位时应尽量多选择监测点进行微震来定位，以保证定位的精度。微震监测点布置如图 2-2 所示。

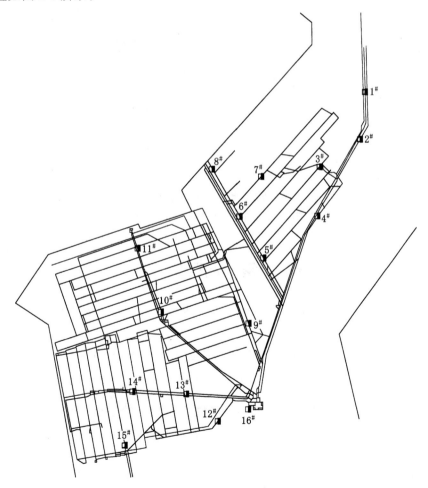

图 2-2 微震监测点布置图

测点的布置与采区设计同步进行,若采区只形成了部分巷道,则不可能增设较多测点。衡量微震系统水平的标准是监测灵敏度和定位精度,监测灵敏度是监测区域危险的准确性要求,定位精度是划分区域危险的可靠性要求。

针对1305工作面情况,该工作面自2010年11月1日开始进行采煤,采用微震监测系统自初采开始进行全天候连续监测。在监测过程中为能够使监测结果更加准确,采用上述台站优化方法,在12月初对4#和7#测点进行了重新定位(图2-3),4#测点由原来的东轨6#移动到1306运输巷,7#测点由原来的东翼回移动到1305运输巷联躲避硐(右侧)。经过调整,由微震事件监测结果可知在很大程度上提高了对1305工作面微震事件的监测准确性。

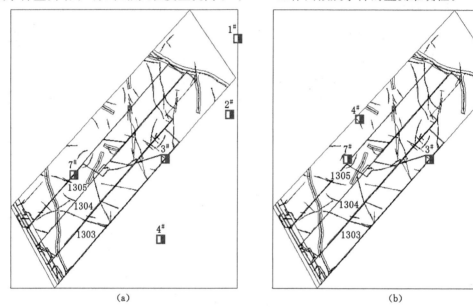

图 2-3　测站位置的移动

(a) 测站移动前的位置;(b) 测站移动后的位置

2.5　矿震监测台站数量对矿震预测的影响分析

矿震监测是冲击地压物理监测方法之一,该方法是对所产生的信号进行观测分析,而该监测同样遵循经典的信号检测与分析原理。

傅立叶变换原理是:任何连续测量的信号都可以表示为不同频率、振幅与相位角的正(余)弦波信号的无限叠加,即:

$$f_{\mathrm{T}}(t) = \frac{a_0}{2} + \sum_{n=1}^{+\infty} \left[a_n \cos(n\omega_0 t + \theta) \right]$$

从信号观测角度来看,信号监测工作都是在对连续的地壳运动信号进行数字化采集,其结果当然符合基本的数学原理。

由傅立叶变换导出的基本采样定理为采样上限定理和采样下限定理。

(1) 采样上限定理

在进行模拟/数字信号的转换过程中,当采样频率($f_{\mathrm{s,max}}$)大于信号中最高频率(f_{max})的

2 倍时,即:

$$f_{s.max} \geqslant 2f_{max}$$

则采样之后的数字信号可能保留原始信号中的信息。

一般实际应用中要保证采样频率为信号最高频率的 5~10 倍。

(2)采样下限定理

在进行模拟或者数字信号的转换过程中,可检出信号的频率下限等于总的采样时间的倒数:

$$f_{s.min} = 1/(n/f_{s.max})$$

由上述分析显而易见,要想看到快速的信号,观测者必须比信号要快;要量到细微的物体,必须用比物体还要小的尺子。而观测的时间或空间宽度决定了能够研究的时空宽度。

我们通常通过矿震监测来预测冲击地压,而理论上能够准确预测冲击地压要求的最低监测数量由时域范围和空间范围来决定。假定矿震最高频率为 20 Hz,最大矿震复发周期为 2 年。在空间范围内,最小矿震震源尺度仅有几十米,假定取 100 m,而煤矿的监控区域假定为 100 km²,因此至少需要布置 10 000 个监测台站。

仅采集地壳机械运动一个量,根据采样定理计算出如下需求:设一个台站在 2 年中会产生大约 315 000 Bytes 数据,那么 10 000 个监测台站在 2 年可采集约 31.5 亿 Bytes 的数据。而目前国内煤矿矿震监测台站数量绝大多数为 16~32 个,与理论上的台站数量相差甚远,基本上是理论值的 2‰~3‰,远远不能满足矿震监测的要求。

综上分析,目前矿震的预测乃至对冲击地压的预测在理论上来讲是不可能实现的任务。但是前述研究台站的分布是针对局部或者某一个工作面进行的,由于范围小,监测时间短,监测结果有一定的实际意义。如果对于整个矿区,对矿震进行长期监测,就具有一定的局限性。如果要实现这一目的,只有通过增大台网密度,提高监测频率,才能够真正实现对矿震乃至对冲击地压的预测。

2.6 本章小结

通过上述研究,可以发现监测台站的空间分布规律可以大大提高矿震定位精度,尤其是在目前煤矿监测过程中,在台站数量有限的情况下,台站的选址和布置就更为重要。

通过研究得到以下结论:

(1)台站的空间分布在煤矿监测中具有重要的地位,在给定速度模型后,台站的几何分布将直接影响监测精度;台站优化方法不仅确定了发生位置,而且给出了能够触发台站的距离。实践表明,优化的微震监测台站空间布置能够大大减小震中定位误差,对于其他煤矿微震台站选址和布置具有一定的借鉴意义。

(2)台站选址原则:台基选择在无风化、无破碎夹层、完整、大面积出露的基岩上。岩性致密坚硬,不宜在风口、滑坡、卵石和砂土层上选台。地势起伏要小,设在地动噪声水平较低的地方。

(3)台网数量对矿震预测有着重要的影响,如果需要对矿区进行长期监测,必须增大台网密度,提高监测频率。

3 矿震信号识别方法研究

3.1 矿震信号

3.1.1 矿震波的组成和特征

在震源弹性介质范围内,在矿震震源力的作用下,煤岩体将会发生形变,介质产生振动,连续质点相互影响,在震源周围的区域内形成振动,这种振动向外传播的过程形成了矿震波。在矿区感受到的摇动就是由矿震波的能量产生的弹性岩石的振动。根据质点运动的方向与振动传播的方向之间的关系,将矿震波分为纵波(Press wave,或称 P 波)和横波(Shear wave,或称 S 波)。

P 波的物理特性如同声波。声波是在空气内由交替的挤压和扩张传递。因为液体、气体和固体岩石都能够被压缩,同样类型的波能在水体如海洋和湖泊及固体地球中穿过。当矿震发生时,这种类型的波从断裂处以相同的速度向所有方向传播,交替地挤压和拉张所穿过的煤岩体,其颗粒在这些波传播的方向上向前和向后运动,即这些颗粒的运动垂直于波的前进方向。向前和向后的位移量,称为振幅。P 波有压缩波和膨胀波两种,频率较高或周期较短,能量仅次于 S 波。弹性煤岩体与空气有所不同,空气可受压缩但不能剪切,而弹性煤岩体可以发生剪切和扭动。在 S 波通过时,煤岩体的表现与在 P 波传播过程中的表现不同。因为 S 波涉及剪切而不是挤压,而使煤岩体颗粒的运动方向垂直于运移方向(图 3-1)。这些煤岩体运动可在一垂直向或水平面里,它们与光波的横向运动相似。因为液体或气体内不可能发生剪切运动,S 波不能在其中传播。S 波质点位移有两种极化情况:平行于入射面,β 角等于 0°和 180°;垂直于入射面,β 角等于 90°和 270°(β 角是质点位移矢量与入射平面的夹角,沿射线方向按顺时针 0°~360°)。S 波波速较 P 波小,频率较低或周期较长,其能量大于 P 波。这两种波的主要参数之比,S 波与 P 波的波速比一般表示为:

$$\frac{v_S}{v_P} = \frac{3.38 \text{ km/s}}{5.7 \text{ km/s}} \approx 1 : \sqrt{3}$$

因此 P 波先于 S 波到达监测台站,这已经被实践证明,但短距离内 P 波和 S 波到时时差却很小;能量比和周期比的情况较复杂,常规均大于 1。

由于矿震震源较浅,监测范围小,矿震波以直达波 P 和 S 为主,且短周期面波发育。由于矿井分层结构和巷道影响,矿震波可能发生多种折射、折射转换,反射、反射转换以及形成沿某一结构层传播的面波、体波等。矿震波特性同弹性波的原本特性相同,不过矿震波必须用记录仪记录下来才有意义,所以矿震波是震源振动过程、地内结构和仪器特性"三结合"的综合体现。

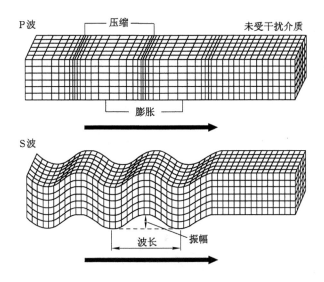

图 3-1　P 波(纵波)和 S 波(横波)运行时弹性煤岩体运动的形态

矿震信号的特征取决于震源性质、所经煤岩体性质及监测点到震源的距离等。其具有以下特征：

(1)矿震信号是随机的,非周期性的。

(2)矿震信号频率范围很宽,监测仪器监测到的矿震信号频率可达几千赫兹,甚至更高。

(3)矿震信号波形不同,能量悬殊较大。从煤岩体微小破裂的 10^{-5} J,到大尺度的煤岩体破坏的 10^9 J,相当于里氏震级的－6～5 级。

(4)矿震信号振幅随距离增大迅速衰减。

3.1.2　矿震信号的干扰因素

矿震波的研究是通过分辨、解释震相名称和读取震相读数实现的。在分析矿震波时,不仅接收到矿震的信号,同时还会收到一些干扰信号。虽然各种波都有分析价值,但从研究矿震的角度来说,必须严格区分矿震信号与其他振动信号。在采区经常出现的干扰因素主要有脉动、爆破、矿车振动、大风干扰和雷电干扰等。

(1)脉动

脉动是降低矿震观测效率的主要干扰之一,经常干扰较弱的矿震波初至,限制高放大倍率仪器的使用。0.4 s 周期的微振动,可由短周期矿震仪观测到,具体表现为等幅的持续的微弱振动,在台基为砾石、砂岩时的记录中最为明显。周期为 3 s 左右的脉动,振动呈正弦波形(图 3-2),振幅由小变大,然后又减到最小,在记录图上表现为成组的持续波动。

图 3-2　脉动干扰

（2）矿车振动

矿车运动过程是由远及近，又渐渐远去的，记录振动的振幅是开始小，然后逐渐增大，又慢慢减小。耿荣生等记录了在公路、铁路附近的地震台站收到的汽车或火车的干扰。火车引起的振动如图 3-3 所示，汽车在台站附近 10 m 处启动和经过的振动如图 3-4 所示。这些振动信号总体表现为周期较小，都没有纵、横波依次排列的特点。

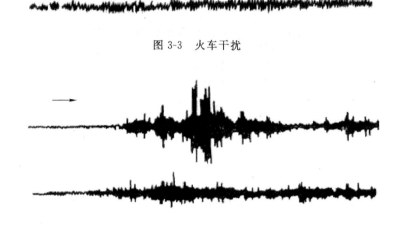

图 3-3　火车干扰

图 3-4　汽车在台站附近发动（上图）或经过（下图）时的振动

（3）大风干扰或雷电感应

台站附近偶遇大风或雷电感应，会观测到周期较长且极不规则的扰动。

（4）爆破

爆破是在瞬间完成的，容易和矿震波混淆。在爆破作业时，炸药堆积比较规则，且体积小，容易把它视为一个"点源"，认为爆破是在一个理想的球形腔内形成气化区、液化区、塑性区。在这个过程中，煤岩体受到正应力，而没有剪切力，因此爆破产生的波只有 P 波而没有 S 波。煤岩体的不均匀性使得破裂过程不能沿着初始力的方向破裂从而发生切变，而派生出 S 波。因此爆破产生的波列中的 S 波不是原生波，而是次生的，见图 3-5。爆破 P 波初动强而尖锐，初动方向向上，周期较小，振动衰减很快，具有较规律的时间性和空间性。

3.1.3　矿震信号的筛选

综合以上分析，矿震信号中存在着众多干扰信号，因此必须对矿震监测系统监测的信号进行筛选，保证矿震波初至读取和定位的准确性。信号筛选方法有很多，为了实现筛选程序的自动化，选择简单实用的信噪比方法。而且这里信噪比采用的是系统收到的信号与噪声振幅的方差之比。具体过程如下：

取信号部分最大振幅附近一部分值的方差，取背景噪声部分中一些振幅的方差，将两个方差进行比较，当它们的比值小于某个临界值时，认为是无效信号。而对这些信号将不做到时读取和定位的运算，如图 3-6 至图 3-8 所示。

同时也有很多信号，不能够满足信噪比方法的条件，如图 3-9 至图 3-11 所示，因此只能采用其他方法进行剔除。

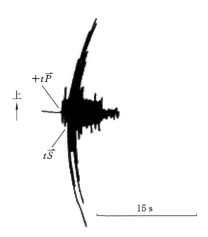

图 3-5 5公里外爆破

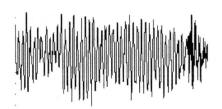

图 3-6 2004-12-8 18:32:41 收到的信号

图 3-7 2004-12-3 16:40:04 收到的信号

图 3-8 2005-4-22 2:24:10 收到的信号

图 3-9 2005-4-22 2:24:10 收到的信号

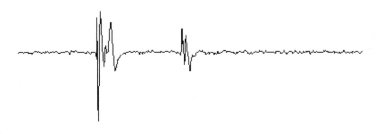

图 3-10 2005-4-22 2:24:10 收到的信号

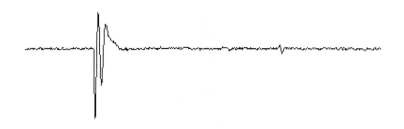

图 3-11　2005-4-22 2:24:10 收到的信号

3.2　矿震信号的识别方法

震相识别是地震学研究中的核心内容和重要课题,它是地球内部构造、地震定位、震源机制等一系列研究的基础。震相是地震波特性加上地震仪频率特性双重制约之下出现在地震记录图上的有意义的点位和特定时域的线段,体现地震波记录全貌的震相特征至少有到时、初相位、振幅、周期(或频率)、波数、波列形态、记录持续时间、干扰和叠加效应等 9 项标志。

根据识别的手段,震相识别可以划分为人工识别和自动识别。传统的人工识别方法主要有:走时表检验法、和达曲线检验法、时距曲线法、直观检验法、综合检验法等,也有学者把地震记录输入计算机,进行放大、仿真、滤波等简单处理的半自动识别。而上述方法都是靠识别者经验来判断的,不仅费时,而且人为的误差、读数错误等都会影响识别的精度。即使是同一条地震信号记录,不同的识别者的处理结果都会有一定的差别,所以在数字化地震台网大规模建立、发展的今天,以及地震预警与基于震害快速评估的震后应急反应系统的出现,只靠人工识别明显不能满足实际工作要求,因此必须研究和发展稳定、实用和高效的自动识别方法和系统。

震相自动识别是指当地震波到达记录系统时,实时地震数据处理系统能够将每个台站地震波的各个震相的到时自动识别出来。震相的到时就是在记录图上幅值、频率成分、波的极化特性等发生明显变化的时间点,尤其是地震震相到达时会有明显的多周期、高频率、宽频带、高能量的波群。

目前地震上常用的震相自动识别方法主要分为时域分析法、频域分析法、时频分析法、模式识别法、综合分析法等几类。

3.2.1　时域分析法

(1) STA/LTA 的方法

该方法原理为:用 STA(信号短时平均值)和 LTA(信号长时平均值)之比来反映信号水平或能量的变化,当信号到达时,STA 要比 LTA 变化得快,相应的 STA/LTA 值会有一个明显的增加,当其比值大于某一个阈值时(THR),此点被判定为初动。该方法计算简单,用时短,适合实时处理。其缺点为当信噪比较低或初动不明显时效果较差。

(2) 剪切波分裂识别震相的方法

由于速度和偏振特性的不同,两列剪切波分别在两个垂直的方向上振幅最大。在地表的剪切波记录,实际上是快波和慢波以不同的速度到达地表后的叠加,剪切波分裂分析的任务就是从地表记录中分离出快波和慢波。

此类方法基本原理是利用震源激发剪切波在各向异性介质中的传播特性,采用低通滤波、特征分向量、偏振滤波、相关滤波、各种叠加处理等手段来加强有用信号和压制干扰信号,从而达到确定震相的目的。该类方法主要应用于检测原地应力和地震预报等方面。

（3）最大似然法

最大似然法是以介质中弹性波场的传播特性和多元统计分析为基础,推导出模型与资料的最大似然数据,以检验地震波列中是否存在某种特殊波形的能量。再利用概率滤波可得分解后的地震图,从图中可直接得到震相到时。该方法处理 P 波效果较好,对于 S 波处理略显不足。缺点主要是要先对分析的信号做出先验假设,当假设成立时分析方法才能得出正确结果,因此该类方法具有一定的缺陷。

此外还有 Fabio Boschetti（1996）提出的分形维方法和朱元清提出的波形变化值增长算法和无后续震相判据法。

3.2.2　频域分析法

频域方法的主要思想是检测记录中是否含有标志地震能量的特殊的频谱分布,然后确定这些标志地震能量的频谱的起始点位,即为各种震相的到时点。目前主要采用的方法为 Walsh 变换、最大熵谱、傅立叶变换等。Shensa 曾经利用傅立叶变换,提出了三种基于功率谱密度的震相识别方法——最大偏移检测法、平均偏移检测法、平均功率检测法。频域的方法计算都比较费时,而且计算时需要记录的整条数据,因此在地震预警的实时处理中是不适用的。

3.2.3　时频分析法

目前常用的时频分析法主要有 Wingner 谱分布、小波变换法、短时傅立叶变换等。

Wigner-Ville 分布的方法由于交叉项的引入常导致时频平面上的伪影现象,短时傅立叶变换通过加窗和平移的方法实现了时域局部化,但由于窗口一经选定,对所有频率的信号都固定不变,无法对高频和低频成分同时获得高分辨率,其次这种信号变换方法只适用于平稳信号,对于突变或非平稳信号经常出现 Gibbs 现象,所以目前较好的时频分析法是小波变换的方法。

刘希强提出的小波方法是利用包含在小波变换系数中的信号信息如偏振等,寻找地震信号在不同尺度下小波变换系数的显著特性,通过对小波变换系数主成分的分析,得到不同尺度下的 P 波和 S 波识别因子,进而确定 P 波和 S 波初至的定位函数,利用定位函数来确定 P 波和 S 波的初至。

小波变换的优点是具有自适应性,能根据分析的对象自动调整有关参数,从而可准确识别震相。缺点是小波变换存在随尺度增大相应正交基函数的频谱局部性越差的缺陷,使其对信号的更精细分辨受到一定限制,而小波包变换在这方面进行了一定的改进。

3.2.4 模式识别法

模式识别是根据研究对象的特征或属性,利用计算机为中心的机器系统运用一定的分析算法认定它的类别,系统应使分类识别的结果尽可能符合真实。模式识别系统由四个环节组成——特征提取、特征选择、学习和训练、分类识别。

目前主要的方法为:统计模式识别、模糊数学方法、神经网络法、人工智能方法。

人工神经网络按不同的方式有很多种分类方法,如按连接方式可分为前馈模型和反馈模型;按应用特性可分为连续型与离散型网络,确定性与随机性网络;按学习方式可分为有监督学习与无监督学习的网络等,其中 B-P 神经网络(向后传播神经网络)因其结构简单、工作状态稳定、非线性映射能力强等优点成为常用的网络结构,应用最为广泛。

3.2.5 综合分析法

由于没有任何一种单一的方法可以识别所有的震相,而且每种方法都有自身的局限性和应用范围,因此综合分析法在一定程度上弥补了上述缺点。综合分析法的主要思想是利用多种方法联合识别,综合其识别结果,最后得出各个震相的到时,主要包括 AIC 方法和其他方法。

日本学者赤池弘治在 1973 年提出 AIC 信息准则(Akaike's information criterion)。该方法进行震相识别的实质是求解背景噪声与信号最佳划分点的过程,此点与 AIC 曲线极小点相对应,AIC 曲线的极小点即为震相的到时点。

常见的 AIC 方法有:自回归 AIC 方法、基于神经网络的 AIC 方法、基于小波变换的 AIC 方法等。AIC 的一般计算式为:

$$AIC = -2\lg(\text{模型的最大似然函数}) + 2P \qquad (3\text{-}1)$$

式中,P 为模型的独立参数的个数。

张军华等利用小波变换与能量比联合拾取初至波,其方法首先利用小波变换对记录进行分解,然后利用小波通道作为初至拾取的输入,拾取时根据记录在初至波能量上的差异,使用能量比方法进行震相的识别。

综合分析法克服了单一分析法的缺点,即受使用范围和条件的限制,综合了几种单一算法的优点,提高了识别的精度和效率,但比较费时。

3.3 基于分形理论的矿震波初至识别方法

分形理论作为解决非线性、复杂性问题的工具,在提高地震波初至拾取的精度和定量化程度方面取得了一定的效果。其中最有影响的是 Hausdorff 和 Divider 分形维改进算法。各国学者基于 Hausdorff 和 Divider 分形维改进算法的思想相继提出了相关算法,如 Esmat、Jiao 等用 Divider 分形维分辨折射初至的到达;Chang 等提出了基于 Hausdorff 分形维识别地震波初至的方法。曹茂森等利用 Length 分形维算法拾取地震波初至。

上述分形理论应用均把震动波简化为二维平面问题,而实际波的传播是一个三维问题,由此产生的误差较大。因此,使用 Hausdorff 维数的计算方法能够有效解决这一问题。

3.3.1 分形维数应用的可行性

分形学的研究对象是非线性系统中不规则的几何形体——分形体,分形学用分形维这一特征量描述研究对象内部的不均匀性,刻画研究对象层次结构的整体数量特征。总之,分形维能反映分形体基本特征。Turcotte 认为,自仿射分形时间序列的功率谱密度与频率 f 之间应存在幂指数关系:

$$S(f) \propto f^{-\beta} \tag{3-2}$$

式(3-2)中的 β 与几何分形维数的关系为:$\beta = 5 - 2D$,在时间序列为平面曲线时,$1 \leqslant D < 2$,故 $1 < \beta \leqslant 3$。因此,功率谱满足负幂律,即 $1 < \beta \leqslant 3$,此时时间序列为分形的必要条件。

Walden 和 Hosken 指出,声阻抗的功率谱密度 $W(f)$ 与反射系数功率谱密度 $R(f)$ 有如下关系:

$$W(f) \propto R(f)/f^2 \tag{3-3}$$

Walden 和 Hosken 的结论为计算矿山地震时间序列分形维的可行性提供了一定的理论依据。尽管有人认为矿山地震不具备严格数学意义上的分形性质,但其具有局部分形是得到普遍认同的。如果抛开分形维的物理意义,只是将其作为一个描述不均匀性、复杂性的数学特征量,它至少表征了曲线的形态特征,即包含了振幅、频率以及波长的综合特征。在这个前提下,不研究矿震分形维的精确值,而以分形维变化轨迹线的突变来指示矿山地震震波初至,这使得利用分形维来判断矿山地震波初至是可行的。

3.3.2 矿震信号的分形维数计算

(1) Hausdorff 分形维数计算方法

Hausdorff 分形维的基本计算过程是:用边长为 ε,分形维数等于分形体拓扑分形维的超立体对分形体进行覆盖(覆盖单元有多种,这里统一称为超立方体),其计算公式为:

$$D_H = \lim_{\varepsilon \to 0} -\frac{\ln N(\varepsilon)}{\ln \varepsilon} \tag{3-4}$$

式中 $N(\varepsilon)$——包覆边长 ε 的超立方体数。

测量平面曲线时可以将单元盒作为超立方体,公式形式等同于盒分形维数公式。

假定非线性振动空间波形采样如下:

$$A = \{a \mid a = (x_i, y_i, v_p) \quad i = 1, 2, 3, \cdots, N\}$$

式中 x_i——时间样本点;

y_i——相应的振动幅值;

v_p——波的传播速度;

N——样本点数。

当矿山地震波到达信号接收器附近的区域,假定介质为均匀连续的,因此波的传播速度是一定值,其大小由介质的泊松比、弹性模量和密度决定。

v_p 的大小由下式计算:

$$v^2 = \frac{(3 - 2\mu)E}{2(1 + \mu)(1 - 2\mu)\rho} \tag{3-5}$$

将一分形维平面面积作为超立方体对振动波形进行覆盖。在集合 A 中,设振动波形面

积为 S,等效于超立方体平面面积 ε^2,则覆盖单元数为 S/ε^2,取 $\varepsilon = 1/N'$,$N' = N-1$,则由 Hausdorff 分形维定义可以得到:

$$D_H = \lim_{\varepsilon \to 0}\left[-\frac{\ln N(\varepsilon)}{\ln \varepsilon}\right] = \lim_{N' \to \infty}\left[-\frac{\ln S/\varepsilon^2}{\ln \varepsilon^2}\right] = 1 + \lim_{N' \to \infty}\left(\frac{\ln S}{2\ln N'}\right) \tag{3-6}$$

（2）矿震波初至拾取方法

分形维数判断矿山地震波初至由波到达前后维数的突变来确定。信号到达前主要有噪声信号,到达后有噪声和矿山地震信号。前后能量的变化会导致振幅增大。通过对比矿山地震信号到达前后分形维数的变化,利用分形维数的突变标示矿山地震波初至位置,进而确定到时。

具体步骤如下:

首先,在矿山地震通道上确定一个工作时窗,工作时窗覆盖 40 个采样点（采样速度为 40 000 个/s）,时间为 1/1 000 s。

然后,计算工作时窗内采样序列的分形维,将该值标记在工作时窗右边界采样点上。

接着,使工作时窗沿通道以一个采样间隔步长向前移动,并计算每个工作时窗的分形维,绘制分形维数变化曲线。

最后,分析曲线形状,将分形维第一个突变点作为矿山地震波初至时间。

（3）计算实例

下面对现场监测的实际矿山地震信号进行分析,结果如下:

图 3-12 是经过滤波后的实际信号,按照上述方法计算分形维数值并绘制曲线如图 3-14 所示。

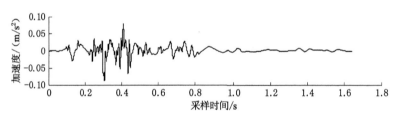

图 3-12　矿震滤波后的波形图

将上述信号在 0.2 s 前进行局部放大,并将横坐标转化为采样点数量,如图 3-13 所示。同时计算前 8 000 个采样点的分形维数,并绘制曲线如图 3-14 所示。

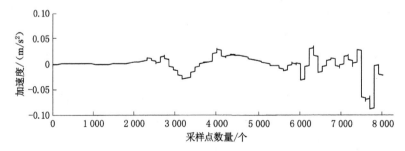

图 3-13　矿震滤波后的波形放大图

由图 3-14 可以看出,初至到来前、后分形维发生了显著变化,说明分形维数的变化具有

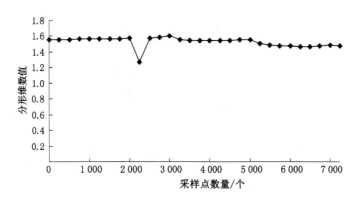

图 3-14 Hausdorff 分形维数曲线

明显的突变性质,在第 2 400 个采样点处出现了一个突降点,标志着矿山地震初至的到来,并标记该时间为初至时间。

通过上述分析可见,用分形维判断初至具有精度高、定量化强的优点,便于实现初至的自动拾取。

3.3.3 模型应用矿震定位实例

具体方法参见 4.2 节。分别运用原有矿山微震定位监测系统的定位方法和上述方法对 2011 年北京某矿区发生的 4 次矿震进定位,结果见表 3-1。

表 3-1 　　　　　　　　　　　　　矿震定位对比表

序号	理论发震时刻	理论震源/m	原定位方法计算震源/m	误差/m	本文定位方法计算震源/m	误差/m
1	2011-6-10 04:18:17	$x=-18\,000$; $y=3\,310\,000$; $z=820$	$x=-18\,001.120\,3$; $y=3\,310\,000.901\,1$; $z=829.224\,5$	$\Delta x=1.120\,3$; $\Delta y=0.901\,1$; $\Delta z=9.224\,5$	$x=-18\,000.521\,4$; $y=3\,310\,000.387\,8$; $z=823.924\,5$	$\Delta x=0.521\,4$; $\Delta y=-0.387\,8$; $\Delta z=3.924\,5$
2	2011-6-12 15:24:26	$x=-15\,700$; $y=3\,310\,250$; $z=750$	$x=-15\,701.560\,2$; $y=3\,310\,250.847\,7$; $z=758.365\,8$	$\Delta x=1.560\,2$; $\Delta y=0.847\,7$; $\Delta z=8.365\,8$	$x=-15\,700.314\,5$; $y=3\,310\,250.289\,6$; $z=754.832\,0$	$\Delta x=0.314\,5$; $\Delta y=0.289\,6$; $\Delta z=4.832\,0$
3	2011-6-12 16:18:17	$x=-15\,675$; $y=3\,310\,270$; $z=700$	$x=-15\,675.991\,8$; $y=3\,310\,270.642\,5$; $z=707.247\,8$	$\Delta x=0.991\,8$; $\Delta y=0.642\,5$; $\Delta z=7.247\,8$	$x=-15\,675.412\,6$; $y=3\,310\,270.576\,0$; $z=704.251\,3$	$\Delta x=0.412\,6$; $\Delta y=0.576\,0$; $\Delta z=4.251\,3$
4	2011-6-13 15:23:34	$x=-17\,230$; $y=3\,311\,210$; $z=720$	$x=-17\,231.014\,4$; $y=3\,311\,211.147\,8$; $z=728.861\,4$	$\Delta x=1.014\,4$; $\Delta y=1.147\,8$; $\Delta z=8.861\,4$	$x=-17\,230.357\,2$; $y=3\,311\,210.310\,2$; $z=724.921\,1$	$\Delta x=0.357\,2$; $\Delta y=0.310\,2$; $\Delta z=4.921\,1$

通过表中数据可以看出:垂直方向定位误差均值 4.5 m,与原定位误差 8.4 m 相比降低了 3.9 m;水平方向定位误差均值为 0.4 m,与原定位误差 1.0 m 相比降低了 0.6 m,满足煤矿安全生产要求。

3.4 基于 **SVM** 的矿震信号分类的识别方法

3.4.1 微震信号特征参数提取

矿山微震信号多表现为非平稳,不同的震动信号具有其特有的频率范围和主频分布。而信号的监测受多种因素影响,震源距离、震级乃至不同的地质情况都对信号的波形的分析产生较大的影响。要对震动信号的类型进行准确判别,首先要对提取震动信号的独有特征。提出两种方法对信号特征提取:其一,因为熵对描述系统的混乱度有着无可比拟的优势,通过结合 HHT 变换,分别提出能量熵与边际熵,用来描述信号特征,以便于更精确信号分类。根据信息熵的基本性质,我们可以推得当分解得到的 IMF 能量分布越均匀,其包含的频率越丰富则熵越大,反之熵越小。其二,由于噪声信号和爆破信号对 S 波到时提取比较困难,采用瞬时能量最大时刻与波的初至时刻的差值 Δt 来描述 P 波和 S 波到时特征。

$$H(X) = E[I(x_i)] = -\sum p_i \lg p_i \tag{3-7}$$

(1)能量熵

EMD(经验模态分解)分解与小波分解不同,适合非线性和非平稳的信号分析。依据数据本身的时间尺度特性分解,不需要进行基的选取,这与小波和小波包相比具有较大的优势。一段震动信号经由经验模态分解可得到一系列的 IMF 分量。每一个分量包含着不同尺度的频率信息。它能反映一个信号的独有特征,既能反映全域的信息又能反映自身的特点。能量熵的计算主要分为三部分:

① 对拾取信号进行 EMD 分解,得到 N 个 IMF 分量 $c_1, c_2, c_3, \cdots, c_n$ 和一个残余分量 r。

$$Y(t) = \sum_{i=1}^{n} c_i(t) + r_n(t) \tag{3-8}$$

② 分别计算所有 IMF 分量的能量 $E_{imf}(i)$ 和信号总能量 E。

$$E_{imf}(i) = \int_0^t IMF(i)^2 \, dt \tag{3-9}$$

$$E = \sum_1^n E_{IMF}(i) \tag{3-10}$$

③ 计算每个 IMF 的能量占总能量的比例,计算其熵值来描述整个信号。

$$P_i = \frac{E_{IMF}(i)}{E} \tag{3-11}$$

$$H(X) = E[I(x_i)] = -\sum p_i \lg p_i \tag{3-12}$$

(2)边际熵

边际谱是近年来提出的一种新的频域描述方法。在应用 EMD 时,可以分解得到一系列的不同频率范围的 IMF 分量,通过对分解后的分量做 Hilbert 变换就可得到其各自分量的频谱组成,将所有的分量上的某一频率对时间积分累加,可得到不同频率的幅值,将其绘成频率谱即为边际谱。Hilbert 变换是一种线性变换,从局部出发,进一步强调了局部性,避免了傅立叶等传统方法产生许多实际不存在的频率成分,也完善了直接用 Hilbert 变换出现无意义的负频率的缺点。HHT 边际谱与传统傅立叶频域表示不同,传统傅立叶频谱中某一频率表示在整个时域内该频率存在的幅值,在边际谱中频率的幅值代表该频率在全程中出现的可能性。某一频率的幅值表示该频率在某时刻在统计学上出现的可能性。在微震信号中,不同的微震类型其边际谱组成明显不同,类似于 EMD 能量熵,本书提出基于 HHT 变换的边际熵用以描述区分不同类别矿震信号。

① 对待分析波形做 EMD 分解,获得不同频率的 IMF 分量和残余分量。

$$Y(t) = \sum_{i=1}^{n} c_i(t) + r_n(t) \tag{3-13}$$

② 分别对每个 IMF 分量做 Hilbert 变换得到瞬时频率。

$$H(\omega, t) = Re \sum_{i=1}^{n} a_i(t) e^{\int \omega_i(t) dt} \tag{3-14}$$

③ 对 $H(\omega, t)$ 进行时间积分,便可获得总频谱,即边际谱。

$$h(\omega) = \int_0^t H(\omega, t) dt \tag{3-15}$$

④ 选择区域范围,对边际谱进行分区(图 3-15),将整个频率区间分为 u 段。

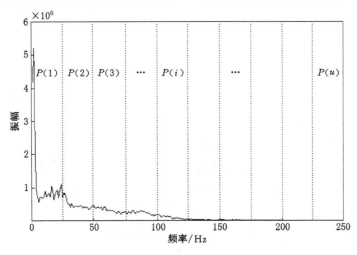

图 3-15　分区

⑤ 计算每个频率区间中幅值平方的积分 P_i,所有区间幅值平方的积分 P。

$$P_i = \int_{\omega(i-1)}^{\omega(i)} f^2(i) d\omega \tag{3-16}$$

$$P = \int_{\omega(0)}^{\omega(t)} f^2(i) d\omega \tag{3-17}$$

⑥ 根据 P_i 和 P 求得每个区间占所有区间的百分比 P_i,进而根据熵值公式计算边际熵。

$$P_i = \frac{P(i)}{P} \tag{3-18}$$

$$H(X) = E[I(x_i)] = -\sum P_i \lg P_i \tag{3-19}$$

(3) ΔT 值法

不同类型的信号在 P 波和 S 波上呈现一定的规律性,这种规律首先体现在到时上,爆破信号由于震源点距离监测点较近,P波衰减小,波形明显,S波混叠在P波中。矿震信号次之,只有部分信号能区分P波和S波。地震信号则不同,由于震源点点距离较远,P波随传播衰减,监测信号波形中可以明显地分辨出P波与S波的到时。由于爆破信号和噪声信号不能对S波拾取,所以直接采用P波、S波到时差并不可取,而震动信号中能量S波携有震动中大部分的能量,所有这种P波与S波到时可以在信号初至时刻和能量最大时刻来体现,用其时间差值ΔT可以对不同信号进行区分(图3-16)。

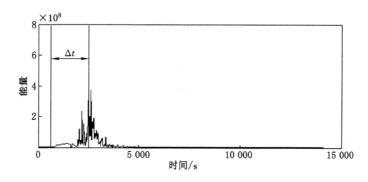

图3-16 瞬时能量最大时刻与初至时刻的差值ΔT

3.4.2 实测矿山信号特征值提取

对黑龙江五龙矿现场监测数据进行筛选,选取爆破信号、矿震信号、地震信号三组信号,每组信号各5个。这些信号均有一个传感器采集。采用本书两种方法进行微震信号的特征值提取,分析不同的微震信号的能量熵值和边际熵值的特征。信号采样频率为5 000 Hz。考虑到微震信号在经验模态分解时求得的IMF分量数目不确定,进而影响熵值特征拾取,所以在处理能量熵时保留IMF分量C_1,C_2,$\cdots$,C_7,其余分量叠加组成一个C_8分量。计算边际谱时,边际谱范围0~300 Hz,分为8个区域,结果如表3-2至表3-4所示。

图3-17为微震信号能量熵,图3-18为微震信号边际熵。图3-19为ΔT差值。

表3-2 微震信号小波能量熵

	信号1	信号2	信号3	信号4	信号5
爆破信号	1.521 5	1.457 1	1.555 6	1.424 5	1.511 4
矿震信号	1.664 1	1.547 5	1.624 3	1.642 4	1.594 2
地震信号	1.916 2	2.021 4	2.102 1	1.991 2	2.101 1

表3-3 微震信号边际熵

	信号1	信号2	信号3	信号4	信号5
爆破信号	0.321 4	0.421 2	0.423 4	0.254 1	0.432 1
矿震信号	0.957 1	0.752 5	0.759 7	0.776 2	0.882 1
地震信号	2.712 4	2.501 2	2.662 2	2.443 2	2.623 1

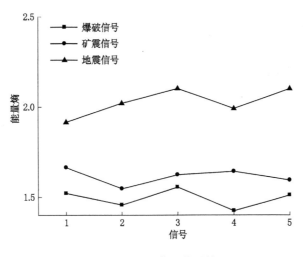

图 3-17 微震信号能量熵

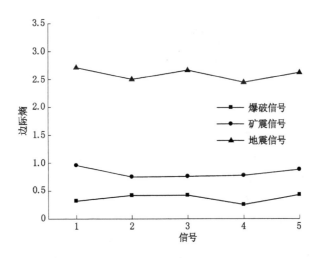

图 3-18 微震信号边际熵

表 3-4 $\triangle T$ 差值表   s

	信号 1	信号 2	信号 3	信号 4	信号 5
爆破信号	0.004 2	0.014 3	0.002 1	0.007 6	0.004 5
矿震信号	0.078 1	0.091 5	0.120 3	0.097 8	0.098 1
地震信号	0.382 1	0.428 9	0.347 5	0.661	0.437 1

3.4.3 识别数据库的建立

本章主要探究爆破信号、矿震信号、地震信号,噪声信号的自动识别。通过五龙矿布置的传感器收集震动信号。传感器布置方式为地表浅埋,所以较矿井内布置干扰噪声少,只要选择人为活动相对较少的地区就可以达到较好的检测效果。SVM 支持向量机进行震动信

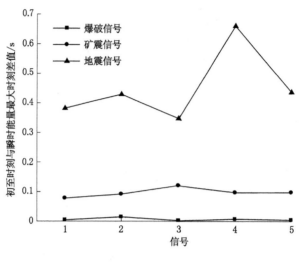

图 3-19　ΔT 差值/s

号的自动识别,需要已经确定类别的震动信号做训练和测试。训练数据对信号分类识别的精确度有较大的影响。

数据收集与分类:

(1) 噪声信号数据库

噪声信号的特点是具有随机性、多变性,影响范围呈现局域性。微震监测最重要的是噪声识别,在众多变化的噪声里如何分辨出有用的信号是首要面对的问题。对于噪声的识别主要通过相连台站间的联系实现。如果某一台站接受且拾取到震动信号,要做的第一步即判断相邻台站是否也接收到该信号,如果存在这样的相邻台站即排除噪声信号的可能,如果不存在这样的台站,就有理由认为此信号为噪声信号。

(2) 爆破信号数据库

井下生产掘进时,较多采用爆破方式,呈现爆破频率高和震源分布范围具有规律性的特点。矿井作业对炸药的管控很严格,实施药量申领和爆破记录的制度,爆破记录很完整。在建立爆破数据库时只需查找爆破记录,通过其记录时刻找到与 GPS 授时相对应的监测数据波形即可。目前井下爆破一般采用微差爆破,波形呈现燕尾的独特形状,较容易辨别。

(3) 地震信号数据库

地震信号与矿山微震信号稍有不同,在波形上能较容易找出 P 波与 S 波到时,且震动信号持续时间较长,尾波衰减较慢,能量强。建立地震波的数据库有两种方法:① 当矿区所在区域发生有感或无感地震时,由当地地震局网站(中国地震台网)确定发生时刻,在通过比照微震监测仪器的 GPS 授时查找对应的地震信号。② 直接下载地震局台站以往所记录的震动信号,通过格式转换,转换为所用的数据。

(4) 微震信号数据库

微震信号的确定较以上两种信号有较大的难度,矿震信号有许多种,可分为岩爆、踢落、构造错动等。对于一些构造形的矿震没有岩石大面积抛出和断裂现象,确定起来较为麻烦。对于一些人员不能进入的区域,诸如废弃的采空区的坍落也较难确定。考虑以上问题,采用排除方法对矿震进行定性。当有两个以上的监测台站在某一时刻均收到较为明显的震动信号时,如果能够排除该信号是噪声信号、爆破信号和地震信号,则认为该信号是矿震信号。

表 3-5　　　　　　　　　　　　　　　震动信号数据库

编号	信号类别	能量熵	边际熵	$\Delta t/s$	持续时间/s
1	1	1.521 5	0.321 4	0.004 2	3.221
2	1	1.457 1	0.421 2	0.014 3	2.201
3	1	1.555 6	0.423 4	0.002 1	3.214
4	1	1.424 5	0.254 1	0.007 6	1.254
5	1	1.511 4	0.432 1	0.004 5	1.379
6	1	1.541 9	0.379 8	0.003 4	2.571
7	1	1.547 1	0.421 4	0.007 8	3.524
8	1	1.524 7	0.397 6	0.007 1	2.481
9	1	1.498 6	0.421 7	0.003 2	3.412
10	1	1.537 5	0.421 1	0.006 5	3.241
11	1	1.512 4	0.411 1	0.006 1	2.354
12	1	1.556 4	0.435 6	0.003 4	3.124
13	1	1.534 1	0.427 9	0.004 6	1.532
14	1	1.441 6	0.434 4	0.007 6	3.421
15	1	1.498 7	0.437 6	0.009 6	3.124
16	1	1.501 4	0.429 8	0.010 3	4.241
17	1	1.487 5	0.431 9	0.008 2	1.212
18	1	1.434 7	0.432 2	0.010 8	1.412
19	1	1.397 1	0.398 5	0.010 2	2.124
20	1	1.444 2	0.424 4	0.007 6	1.412
21	1	1.432 4	0.399 9	0.006 7	2.451
22	1	1.454 1	0.414 1	0.007 9	2.120
23	1	1.378 9	0.475 8	0.004 3	2.123
24	1	1.423 5	0.342 5	0.002 3	1.742
25	1	1.444 7	0.478 4	0.008 9	0.954
26	1	1.624 3	0.345 7	0.013 4	2.456
27	1	1.441 5	0.432 4	0.007 8	2.564
28	1	1.574 2	0.398 6	0.003 2	2.452
29	1	1.435 8	0.427 7	0.007 5	2.951
30	1	1.532 1	0.378 8	0.006 8	2.647
31	2	1.916 2	2.712 4	0.382 1	3.421
32	2	2.021 4	2.501 2	0.428 9	2.754
33	2	2.102 1	2.662 2	0.347 5	6.524
34	2	1.991 2	2.443 2	0.661 2	5.241

编号	信号类别	能量熵	边际熵	$\Delta t / \mathrm{s}$	持续时间/s
35	2	2.101 1	2.623 1	0.437 1	5.457
36	2	2.221 0	1.975 2	0.432 5	4.256
37	2	2.142 4	1.978 5	0.310 2	6.230
38	2	1.964 1	2.041 3	0.302 4	2.421
39	2	1.996 5	2.158 2	0.378 5	3.451
40	2	1.982 5	2.514 2	0.427 4	1.751
41	2	2.102 4	2.463 2	0.433 1	3.451
42	2	2.013 4	2.349 5	0.297 8	4.789
43	2	2.212 1	2.147 7	0.325 1	3.497
44	2	1.942 1	1.948 7	0.512 4	5.932
45	2	1.845 7	2.054 5	0.421 7	4.795
46	2	1.964 7	1.956 2	0.621 0	4.572
47	2	1.997 8	2.478 1	0.574 2	3.791
48	2	2.003 2	2.418 5	0.489 2	5.451
49	2	2.121 0	2.463 5	0.574 1	4.875
50	2	2.001 2	2.795 6	0.379 5	4.791
51	3	1.664 1	0.957 1	0.078 1	3.245
52	3	1.547 5	0.752 5	0.091 5	4.152
53	3	1.624 3	0.759 7	0.120 3	6.451
54	3	1.642 4	0.776 2	0.097 8	3.331
55	3	1.594 2	0.882 1	0.098 1	4.742
56	3	1.345 8	0.751 2	0.085 4	3.444
57	3	1.428 7	0.624 3	0.047 5	3.445
58	3	1.524 1	0.954 1	0.085 4	3.768
59	3	1.357 6	0.624 5	0.056 2	2.897
60	3	1.957 2	0.584 2	0.048 6	4.111
61	3	1.257 6	0.528 6	0.062 4	4.021
62	3	1.385 7	1.024 1	0.075 2	3.201
63	3	1.485 2	0.745 1	0.079 5	1.606
64	3	1.539 8	0.641 7	0.015 8	1.872
65	3	1.374 5	0.741 2	0.069 7	2.740
66	3	1.333 5	0.842 1	0.084 2	4.712
67	3	1.584 2	0.679 5	0.042 5	3.214
68	3	1.375 5	0.100 5	0.076 2	4.251
69	3	1.486 2	0.676 5	0.074 6	3.222
70	3	1.754 9	0.856 8	0.103 6	3.374

编号	信号类别	能量熵	边际熵	$\Delta t/s$	持续时间/s
71	4	2.035 6	1.954 2	3.545 5	4.231
72	4	2.745 1	1.845 1	2.512 0	5.421
73	4	2.410 2	2.458 6	0.524 6	2.610
74	4	1.952 4	1.458 6	0.781 2	3.221
75	4	1.782 6	1.648 7	3.254 1	5.412
76	4	2.031 5	1.957 4	1.841 5	5.014
77	4	2.215 5	2.005 4	0.648 8	3.221
78	4	2.845 4	1.648 5	0.944 2	3.745
79	4	1.942 4	1.657 4	2.589 2	3.462
80	4	1.845 7	1.348 5	4.914 8	6.429
81	4	2.348 2	0.954 5	3.594 4	5.341
82	4	1.678 2	1.389 5	2.358 4	3.243
83	4	1.556 8	1.644 8	2.644 5	5.632
84	4	1.954 4	1.246 3	3.594 7	4.441
85	4	2.007 4	2.031 5	2.658 2	5.220
86	4	2.135 1	0.947 5	0.562 4	4.231
87	4	1.879 5	1.247 8	3.514 2	1.623
88	4	1.965 4	1.945 1	4.624 5	3.740
89	4	1.824 5	1.674 2	2.684 2	6.552
90	4	1.956 4	1.954 7	3.258 4	2.312
91	4	1.652 4	1.784 3	0.579 1	2.643
92	4	2.324 1	1.956 2	3.547 7	2.665

信号类别 1 代表爆破信号,信号类别 2 代表地震信号。信号类别 3 代表矿震信号。信号类别 4 代表噪声信号。编号 1~22 作为爆破信号训练集,编号 23~30 为爆破信号测试集。编号 31~45 为地震信号训练集,编号 46~50 为地震信号测试集。编号 51~65 为矿震信号训练集,编号 66~70 为矿震信号测试集。编号 71~85 为噪声信号训练集,编号 85~92 为噪声信号测试集。考虑到震动的衰减性,数据库选取的信号近场震级均可达 −0.5 以上,原始数据分类图如图 3-20 所示。

3.4.4 数据库的归一化处理

为实现不同类型微震信号特征参数的规范化,提高 SVM 自动分类的能力,采用对每一特征参数,即对每一列数据进行归一化处理,使之为 0~1 之间的特征值。其公式如下:

$$Y = \frac{X - \min X}{\max X - \min X} \tag{3-20}$$

通常对某一事物的特征描述有许多种,但有些特征描述虽然形式不同却与其他描述线性相关。PCA 降维预处理就是在不损失各特征描述的信息前提下尽量减少这种冗余信息。

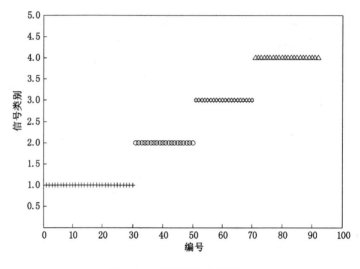

图 3-20 原始数据分类图

保留对信号识别精确率比较大的特征项,去除线性属性列,缩短训练时间和分类运行时间。进行 PCA 降维预处理主要有以下几部分:

(1) 选取输入各属性,以每一列顺次排列,组成一个 $\boldsymbol{A}^{m \times n}$ 的矩阵。

(2) 求取协方差矩阵,其多用来描述多维数据相互联系;

$$\mathrm{cov}(x_i, x_j) = \frac{\sum_{i=1}^{n} (x_i - \overline{x_j})(x_i - \overline{x_j})}{n-1} \tag{3-21}$$

$$\mathrm{cov}(x_i, x_j, x_p) = \begin{bmatrix} \mathrm{cov}(x_i, x_i) & \mathrm{cov}(x_i, x_j) & \mathrm{cov}(x_i, x_p) \\ \mathrm{cov}(x_j, x_i) & \mathrm{cov}(x_j, x_j) & \mathrm{cov}(x_j, x_p) \\ \mathrm{cov}(x_p, x_i) & \mathrm{cov}(x_p, x_j) & \mathrm{cov}(x_i, x_p) \end{bmatrix} \tag{3-22}$$

$$C_{n \cdot n} = (c_{i,j}, c_{i,j} = \mathrm{cov}(\mathrm{Dim}, \mathrm{Dim}_j)) \tag{3-23}$$

(3) 计算上面矩阵每一个特征值和其所对应的特征向量并做单位化处理,将特征向量排序,可由其对应的特征值大小来确定位置。

$$\langle p_1, p_2, p_3, \cdots, p_n \rangle \tag{3-24}$$

(4) 选择确定数据的输出维数,数据维数的选择可以根据数据的重要性来确定,数据对分类结果影响较大时选择保留,影响较弱则选择去除。影响的强弱可以由 CV 准确率来综合考虑。

图 3-21 为数据库中四个属性序列降维后的线性无关列。降维后的交叉验证准确率可达到 98%,这在满足了准确率的前提下,又显著减少了数据量。效果证明其能对训练信号做到有效识别。

SVM 进行信号分类主要存在两个参数 c 和 g,简单的经验赋值需要大量的实验,且效果不明显。网格寻参是现在 SVM 中广泛应用的一种方法,寻找的参数结合 CV 准确率而寻得最佳的 c, g 值。网格寻参其原理简单,通过人工划分网格,获取网格节点,对网格所有节点参数进行计算得到 CV 准确率。比较搜索域内精确率最大值所对应的点即为我们所寻找的最佳参数值。若在网格寻参时有多个点的准确率相等,则选取 C 值最小处的点,因为 C

过大会导致出现过度拟合的情形,进而导致算法的泛化能力也随之下降。如果存在 C 值也相等,则选取最先出现的点。

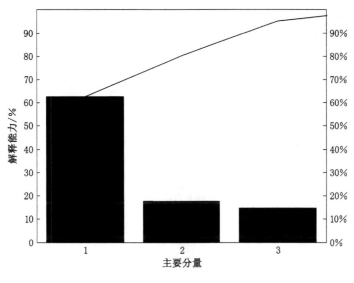

图 3-21 降维处理

网格划分取 c,g 值间隔均取 0.000 1。搜索结果可知最佳 $c=256,g=0.062 5$,其准确率为 100%,能对训练的所有样本做到完全识别。其优点是寻找到的参数效果最好,缺点是效果对网格划分粗细程度依赖性较大。当网格划分密集时,参数寻优效果好,最高可达 100% 的 CV 准确率,相反当网格划分稀疏时,参数寻优效果较差。在实际应用中并不是网格越密越好,耗时与计算精度成反比,当我们要取得更精确的解时就需要较密集的网格划分,其耗时较长。图 3-22 为参数寻优的三维立体视图。

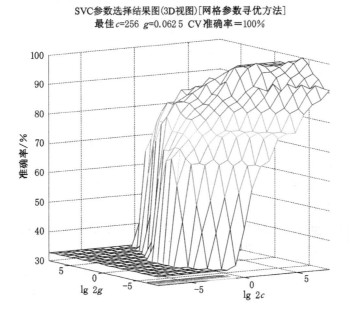

图 3-22 网格参数寻优三维效果图

3.4.5 微震信号分类流程

首先,对监测的矿震信号进行震动拾取。

然后,拾取到振动信号后判断是否存在相邻台站也接收到震动信号,这种判断是否为同一信号的标准不是在同一时刻发生,因为同一个信号到达每一个台站的到时是不同的。可以取一个初至的时间差,若两个台站到时拾取时刻满足时间差,就初步认为该信号有较大可能为需要记录的微震信号。

接着,通过本书的方法对波形进行特征拾取。

最后,应用支持向量机通过训练数据的形式进行信号的识别分类。

其流程图如图 3-23 所示。

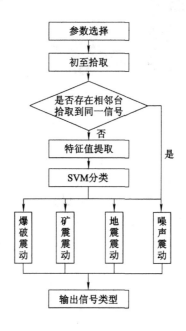

图 3-23 微震信号分类流程图

3.4.6 分类准确率检验

取数据库部分数据,对本书所建立的微震信号自动分类方法进行检测。其中依次为爆破信号 8 个,地震信号 5 个,矿震信号 5 个,噪声信号 7 个。图 3-24 为信号的真实标签属性和分类器分类计算分类所得的标签属性。与上述相同标签 1 为爆破信号,标签 2 为地震信号,标签 3 为矿震信号,标签 4 为噪声信号。

图 3-24 为测试信号分类效果图,图中三角形为测试信号的真实属性类别,圆形为本书方法模式识别得到的信号类别,在图中可以发现 25 个测试信号中有 16,24 两个测试信号识别错误。16 原为微震信号错误识别为矿震信号,24 为噪声信号错误识别为地震信号。从整体来看虽然自动分类有一定错误存在但真题识别效果较好,测试集中准确率可达 92%。

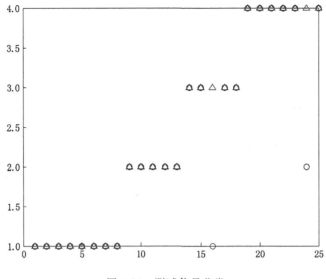

图 3-24 测试信号分类

3.5 本章小结

对于煤矿而言,矿震监测系统收到的信号存在大量的干扰信号,如机械噪声、电磁设备噪声、环境噪声等,再加上信号本身的宽动态范围,使得矿震信号的正确识别成为矿山地震研究的关键。可以说,矿震的发展离不开信号的识别和处理。同时微地震检波器所得到的信号具有多样性、突发性和不确定性,所以信号的识别非常困难。

本章在研究矿震信号的特征及其干扰因素的基础上,对各种地震震相自动识别方法进行了总结,评价了各种识别方法的优缺点,并基于分形理论对矿震震相初至的自动识别进行了研究,采用 Hausdorff 分形维数方法中使用超立方体对振动波形进行覆盖的计算方法克服了其他方法对矿山地震进行平面简化问题,到时读取的精度有了一定提高。通过对实际矿山地震进行定位,垂直误差均值为 4.5 m,水平方向误差为 0.4 m,满足煤矿安全生产要求。

为解决信号的分辨问题,通过支持向量机对矿山微震信号分类拾取。检测结果表明,以 EMD 能量熵、HHT 边际熵、Δt 值法为特征参数的支持向量机能够较为精确分类。对近场震级为 -0.5 的震动,分类准确率可达 92%,效果理想,能用于工程实际。

4 矿震定位方法的研究

本章在介绍几种经典的地震定位问题解决方法的基础上,结合实例研究适合于矿震特点的定位问题解决方法,给出一种可以用于单台定位的发震时刻测定方法,着重研究四台站的定位方法及其应用。同时,对 SW-GBM 法的各种情况进行讨论,结合矿震波在分层介质中的传播规律对 SW-GBM 定位方法进行修正。

4.1 矿震的发震时刻

4.1.1 地震发震时刻的测定方法

（1）走时表法

已知直达波 $\bar{S}$ 与 $\bar{P}$ 或者首波 S_n 与 P_n 的到时差,即 $T_{\bar{S}} - T_{\bar{P}}$ 或 $T_{S_n} - T_{P_n}$ 时和由走时表查算出震中距离 Δ,纵波的走时 $t_{\bar{P}}$ 或 t_{p_n},由它们的到时 $T_{\bar{P}}$ 或 T_{P_n} 减去走时,得到发震时刻 t_0。

该方法优点是十分简便,在地震模拟信号记录时,单台分析和多台分析通常使用该方法,但是时距曲线的"平均"性质和所用走时表与地震的深度误差等原因,单台发震时刻有显著的差异。

（2）和达法

已知 $\bar{S}$ 与 $\bar{P}$ 的到时 $T_{\bar{P}}$ 和 $T_{\bar{S}}$,其走时与震源距离的关系式如下:

$$\begin{cases} T_{\bar{P}} - t_0 = \dfrac{r}{V_{\bar{P}}} \\ T_{\bar{S}} - t_0 = \dfrac{r}{V_{\bar{S}}} \end{cases} \tag{4-1}$$

由式(4-1)求 $T_{\bar{S}} - T_{\bar{P}}$,并将 $r = V_{\bar{P}}(T_{\bar{P}} - t_0)$ 及 $K = \dfrac{V_{\bar{P}}}{V_{\bar{S}}}$ 代入,化简得到 $T_{\bar{P}}$ 与 $T_{\bar{S}} - T_{\bar{P}}$ 的关系式:

$$T_{\bar{P}} = t_0 + \frac{1}{K+1}(T_{\bar{S}} - T_{\bar{P}}) \tag{4-2}$$

式(4-2)为一直线式,发震时刻为该直线与时间轴的截距,因而可以由多台资料得出式(4-2)的观测直线。此直线与 $T_{\bar{P}}$ 轴夹角的正切为:

$$\tan \alpha = \frac{V_{\bar{P}}}{V_{\bar{S}}} - 1 \tag{4-3}$$

所以有:

$$K = \tan \alpha + 1 \tag{4-4}$$

当泊松比为 0.26 时，$V_{\overline{P}}/V_{\overline{S}} = 1.73$，$\alpha = 36°$。由于各地区岩石介质性质不同，或存在着孕震异常，波速比是有差异的。

由和达曲线计算发震时刻，应弃掉大于 3 倍均方误差的点。t_0 和 K 可由最小二乘法计算：

$$
\begin{cases}
t_0 = \dfrac{[\Delta t][\Delta t^2] - [\Delta t][\Delta t \cdot \Delta t_P]}{n[\Delta t^2] - [\Delta t_P][\Delta t]} \\
K = 1 + \dfrac{n[\Delta t^2] - [\Delta t]^2}{n[\Delta t \cdot \Delta t_P] - [\Delta t_P][\Delta t]}
\end{cases}
\tag{4-5}
$$

式中　$\Delta t = T_{\overline{S}} - T_{\overline{P}}$；

　　　Δt_P——$T_{\overline{P}}$ 与坐标原点的时刻差，原点取各台到时 $T_{\overline{P}}$ 的中间值；

　　　$[\ ]$——求算术累加和；

　　　n——观测数据的总数。

和达法的优点是表达式明确，便于程序实现。此法能同时求得发震时刻和波速比。但该方法的两个应用前提是：需 3 个以上地震台的资料；相邻台的 $T_{\overline{S}} - T_{\overline{P}}$ 要有数秒以上的间距，因此在应用到矿震上是不可行的。

（3）萨瓦林斯基法

在式(4-2)中，令 $t_0 = x$，$\dfrac{1}{K-1} = y$，可得：

$$y = -\frac{1}{T_{\overline{S}} - T_{\overline{P}}} x + \frac{T_{\overline{P}}}{T_{\overline{S}} - T_{\overline{P}}} \tag{4-6}$$

式(4-6)为一直线式，其 x 和 y 轴的截距为 $a = T_{\overline{P}}$，$C = T_{\overline{P}}/(T_{\overline{S}} - T_{\overline{P}})$。对于已知 2 个台以上的 $\overline{P}$ 和 $\overline{S}$ 到时，用图解法或最小二乘法求 t_0。若为 2 个台，式(4-6)中取 $b = \dfrac{1}{T_{\overline{S}} - T_{\overline{P}}}$，$c$ 仍不变，其解为：

$$
\begin{cases}
x_0 = \dfrac{c_2 - c_1}{b_2 - b_1} \\
y_0 = \dfrac{b_2 c_1 - b_1 c_2}{b_2 - b_1}
\end{cases}
\tag{4-7}
$$

但是矿震中的到时差 $T_{\overline{S}} - T_{\overline{P}}$ 较小可能会出现以零为分母或式(4-7)无解的情况，因此存在一定的局限性。

上述方法都存在不适合于矿震发震时刻的计算缺点，但是可以利用由走时和震源距离之间的关系式来推导建立矿震发震时刻的公式。

4.1.2　矿震发震时刻的测定方法

假设矿震 $\overline{P}$ 波、$\overline{S}$ 波的速度分别为 $v_{\overline{P}}$、$v_{\overline{S}}$，到时分别为 $T_{\overline{P}}$、$T_{\overline{S}}$，震源点到站台的距离为 r，t_0 为发震时刻，则有：

$$r = v_{\overline{P}}(T_{\overline{P}} - t_0) \tag{4-8}$$

$$r = v_{\overline{S}}(T_{\overline{S}} - t_0) \tag{4-9}$$

由式(4-8)、式(4-9)可得到发震时刻为：

$$t_0 = \frac{v_{\bar{P}} T_{\bar{P}} - v_{\bar{S}} T_{\bar{S}}}{v_{\bar{P}} - v_{\bar{S}}} \tag{4-10}$$

该方法具有简便，表达式清晰，变量个数少，只需得到 $\bar{P}$ 波、$\bar{S}$ 波的速度 $v_{\bar{P}}$、$v_{\bar{S}}$ 和到时 $T_{\bar{P}}$、$T_{\bar{S}}$ 就可以求解，有利于程序实现等优点。此公式适用于单台分析，甚至只需单台三分向中的一个分向数据就可以计算发震时刻。

4.2 矿震的定位方法

矿震定位方法源于地震定位。地震定位方法主要包括 Geiger 法，多事件定位，空间域内的定位方法——台偶时差法、非线性定位法、双重残差法（DDA）（Geiger，1912；Lee et al，1983；Jose，1988；赵仲和，1983；朱元清等，1997；Engdahl et al，1998；Waldhauser et al，2000）。从数学上讲，地震定位问题的实质是求目标函数的极小值。各种定位方法产生于对目标函数的构造、处理，以及求极小值方法的不同。

本节在总结典型的地震定位方法基础上，结合实际情况给出针对矿震事件的定位方法。

4.2.1 地震定位方法

（1）Geiger 法

Geiger 于 1912 年提出的 Geiger 法是地震定位的经典方法，目前线性定位方法大多数源于此法。Geiger 定位法的原理简述如下。

假设 n 个监测台站的观测到时分别为 $t_1, t_2, \cdots, t_n$，求震源坐标 (x_0, y_0, z_0) 及发震时刻 t_0，使得目标函数：

$$\varphi(t_0, x_0, y_0, z_0) = \sum_{i=1}^{n} r_i^2 \tag{4-11}$$

最小。其中 r_i 为到时残差：

$$r_i = t_i - t_0 - T_i(x_0, y_0, z_0) \tag{4-12}$$

T_i 为震源到第 i 个台站的计算走时。使目标函数取极小值，即：

$$\nabla_\theta \varphi(\theta) = 0 \tag{4-13}$$

式中，$\theta = (t_0, x_0, y_0, z_0)^T$；$\nabla_\theta = \left[\frac{\partial}{\partial t_0}, \frac{\partial}{\partial x_0}, \frac{\partial}{\partial y_0}, \frac{\partial}{\partial z_0} \right]^T$。为方便起见，记

$$g(\theta) = \nabla_\theta \varphi(\theta) \tag{4-14}$$

则由式（4-13）和式（4-14），在方程真解 θ 附近任意试探解 θ^* 及其校正矢量 $\delta\theta$ 满足：

$$g(\theta^*) + \left[\nabla_\theta g(\theta^*)^T \right]^T \delta\theta = 0 \tag{4-15}$$

即：

$$\left[\nabla_\theta g(\theta^*)^T \right]^T \delta\theta = -g(\theta^*) \tag{4-16}$$

由 φ 的定义可得式（4-16）的具体表达式为：

$$\sum_{i=1}^{n} \left[\frac{\partial r_i}{\partial \theta_j} \frac{\partial r_i}{\partial \theta_k} + r_i \frac{\partial^2 r_i}{\partial \theta_j \partial \theta_k} \right]_{\theta^*} \delta\theta_j = -\sum_{i=1}^{n} \left[r_i \frac{\partial r_i}{\partial \theta_k} \right]_{\theta^*} \tag{4-17}$$

若 θ^* 偏离真解 θ 不大，则 $r_i(\theta^*)$ 和 $\left[\frac{\partial^2 r_i}{\partial \theta_j \partial \theta_k} \right]_{\theta^*}$ 较小，可忽略二阶导数项，式（4-17）被简

化为线性最小二乘解：

$$\sum_{i=1}^{n}\left[\frac{\partial r_i}{\partial \theta_j}\frac{\partial r_i}{\partial \theta_k}\right]=-\sum_{i=1}^{n}\left[r_i\frac{\partial r_i}{\partial \theta_k}\right]_{\theta^*} \tag{4-18}$$

也可用矩阵形式表示如下：

$$\boldsymbol{A}^{\mathrm{T}}\boldsymbol{A}\delta\theta=\boldsymbol{A}^{\mathrm{T}}\boldsymbol{r} \tag{4-19}$$

其中
$$\boldsymbol{A}=\begin{bmatrix} 1 & \dfrac{\partial T_1}{\partial x_0} & \dfrac{\partial T_1}{\partial y_0} & \dfrac{\partial T_1}{\partial z_0} \\ \vdots & \vdots & \vdots & \vdots \\ 1 & \dfrac{\partial T_n}{\partial x_0} & \dfrac{\partial T_n}{\partial y_0} & \dfrac{\partial T_n}{\partial z_0} \end{bmatrix}_{\theta^*},\boldsymbol{r}=\begin{bmatrix} r \\ \vdots \\ r_n \end{bmatrix}$$

假设二阶导数项不可忽略，则式(4-20)为非线性最小二乘解。

$$[A^{\mathrm{T}}A-(\nabla_\theta A^{\mathrm{T}})r]\delta\theta=A^{\mathrm{T}}r \tag{4-20}$$

通过引入加权目标函数[式(4-21)]来解决各台站到时数据精度不同的问题。设各台站到时残差 r_i 的方差为 σ_i^2，引入加权目标函数：

$$\varphi_r(\theta)=\sum_{i=1}^{n}r_i^2(\theta)\frac{1}{\sigma_i^2} \tag{4-21}$$

重复上述步骤，求式(4-21)的极小值，可以得到如下加权线性最小二乘解：

$$A^{\mathrm{T}}C_r^{-1}A\delta\theta=A^{\mathrm{T}}C_r^{-1}r \tag{4-22}$$

式中，C_r 为加权方差矩阵，$C_r=\mathrm{diag}(\sigma_1^2,\cdots,\sigma_n^2)$。

由式(4-19)、式(4-20)或式(4-22)求得 $\delta\theta$ 后，以 $\theta=\theta^*+\delta\theta$ 作为新的计算点，再求解相应方程如此反复迭代，直至 φ 或 φ_r 足够小（或满足一定的循环结束条件），此时即得估计解 $\hat{\theta}$。

（2）改进的 Geiger 法

20 世纪 70 年代后，Geiger 法的思想被广泛用于地震定位工作中。Lee 等建立了 HYPO71和 HUPO78-81 系列程序，国内学者赵仲和参与了 80、81 版本程序的研制。Backus 和 Gilbert 提出新的反演理论后，Klein 提出 HYPOINVERSE 算法，Lienert 等在此基础上得到 HYPOCENTER 算法，Nelson 和 Vidale 也改进了 HYPOINVERSE，提出了三维速度模型下的 QUAKE3D 方法。赵仲和将 HYPO81 用于北京台网的定位计算，吴明熙等和赵卫明等分别将经典方法用于禄劝地震和灵武地震序列的定位。

Geiger 方法中解线性方程组具有很多问题，众多学者针对这些问题提出了相关的改进方法：

① 方程式(4-19)的反演可有多种方法。例如采用奇异值分解(SVD)求得估计解 $\delta\theta$ 和共轭梯度法求解。

② 采用中心化、定标化、阻尼最小二乘法等来提高数值计算的稳定性。

③ 采用 L1 准则：$\varphi(\theta)=\sum|r_i|$，可降低较大的到时残差的影响。

（3）多事件定位法

多事件定位法主要包括以下几种方法：

① 震源位置与台站校正的联合反演(JED,JHD)

设有 m 个事件，n 个台站，对每个台站 j，引入台站校正 s_j，则对于事件 i 和台站 $j(i=1,$

$2,\cdots,m;j=1,2,\cdots,n)$,有方程:

$$t_{ij} = t_{0i} + T_j(h_i) + s_j \tag{4-23}$$

式中 t_{ij}——监测到时;

$T_j(h_i)$——事件 i 到台站 j 的计算走时,$h_i=(x_{0i},y_{0i},z_{9i})^\mathrm{T}$。

选定初始点 θ^* 和 $s_j(j=1,2,\cdots,n)$,将式(4-23)作一阶 Taylor 展开,可得到到时残差的表达式:

$$r_{ij} = t_{ij} - t_{0i}^* - T_j(h_i^*) - s_j^* = \delta t_{0i} + \frac{\partial T_j}{\partial x_0}\delta x_{0i} + \frac{\partial T_j}{\partial y_{0i}}\delta y_{0i} + \frac{\partial T_j}{\partial z_{0i}}\delta z_{0i} + \delta s_j \tag{4-24}$$

设 σ_{ij} 是到时残差 r_{ij} 的方差,则对上式加权:$\omega_{ij}=\dfrac{1}{\sigma_{ij}^2}$。再将式(4-24)用于所有事件和台站,可联合反演出 m 个事件的震源位置及 n 个台站校正。

② 震源位置与速度结构的联合反演(SSH)

Crosson 于 1976 年提出联合反演理论。该方法不需要对波速进行校准,同时可以获得有关速度结构的信息。且与 JED 方法相比,将速度结构作为未知参数与震源同时反演,解决人为构造的速度模型引起的误差。

将式(4-23)改写为:

$$\begin{aligned} T_{ij} &= T(h_i,v) \\ t_{ij} &= t_{0i} + T_{ij} \end{aligned} \tag{4-25}$$

式中 T_{ij}——事件 i 到台站 j 的计算走时,$T_{ij}=T(h_i,u)$;

v——一维速度模型矢量,$v=(v_1,\cdots,v_l)$。

给定初值 θ^* 与 v^*,将式(4-25)作一阶 Taylor 展开:

$$r_{ij} = t_{ij} - t_{0i}^* - T_{ij}^* = \delta t_{0i} + \frac{\partial T_{ij}}{\partial x_0}\delta x_0 + \frac{\partial T_{ij}}{\partial y_0}\delta y_0 + \frac{\partial T_{ij}}{\partial z_0}\delta z_0 + \sum_{k=1}^{l}\frac{\partial T_{ij}}{\partial v_k}\delta v_k \tag{4-26}$$

将式(4-26)用于所有事件和台站,可联合反演出 m 个震源位置和速度模型 v。

③ 相对定位法(ATD)

相对定位法由 JED 发展而来,Spence 对该理论进行了详细阐述。原理是选定一震源位置较为精确的主事件,计算发生在其周围的一群事件相对于它的位置,进而计算这群事件的震源位置。

假设主事件为 R,已知震源参数 θ_R;与 R 相距很近的待定事件为 θ,震源参数为 θ。由 JED 法建立如下方程:

对事件 R:

$$t_{Rj} = t_{0R} + T_j(h_R) + s_j \tag{4-27}$$

对事件 θ:

$$t_j = t_0 + T_j(h) + s_j \tag{4-28}$$

将式(4-28)在 θ_R 点作一阶 Taylor 展开,再与式(4-27)相减,得到:

$$\delta t_j = \delta t_0 + \frac{\partial T_j}{\partial x_0}\delta x_0 + \frac{\partial T_j}{\partial y_0}\delta y_0 + \frac{\partial T_j}{\partial z_0}\delta z_0 \tag{4-29}$$

上式引入了到时差(ATD):$\delta t_j = t_j - t_{Rj}$。

由方程式(4-29)即可反演得到 θ 对 R 的相对位置 $\delta\theta$,可求得其震源参数 $\theta=\theta_R+\delta\theta$。相对定位法通过引入到时差,消除了速度模型引起的误差。

（4）空间域内的定位方法——台偶时差法

上述方法均为时间域内的定位方法,基于对到时残差的处理,4 个震源参数彼此非完全独立,定位结果依赖于速度结构和台网分布。为克服上述缺点,众多学者同时提出了空间域内的定位方法:用距离残值代替到时残差,避免参数的相互折中,定位精度较高。

Romney 于 1967 年提出了台偶时差近震定位法,利用到时相近、位置相邻的两个台站（即台偶）的到时差和表面平均视速度来建立距离残差方程,所得方程的条件数低,易于求解,并且定位结果对结构的依赖很少,比较适合于矿震的定位。

（5）非线性定位方法

单事件与多事件定位法是基于 Geiger 的线性方法,但是省略二阶以上的项 $o(\delta^2\theta)$ 不一定合理,若 θ^* 选择不当,线性迭代也会使解陷入局部极小点等问题。因此非线性方法能够较好地处理这些问题。主要方法如下:

① 牛顿法

对于多事件定位或三维速度结构,二阶偏导数的引入大大增加了计算量。Thurber 根据牛顿法给出的非线性解为:

$$\delta\theta = [A^\mathrm{T}A - (\nabla_\theta A^\mathrm{T})r]^{-1}A^\mathrm{T}r \tag{4-30}$$

此解亦为非线性最小二乘解。

② 全局搜索方法

非线性最优化理论中的各种全局搜索算法亦广泛应用于地震定位。Prugger、Gendzwill 和赵珠等将单纯形法用于地震定位,该方法算法简单,不需要求偏导数或逆矩阵,但不能给出解的分辨率和误差估计。唐兴国将 Powell 直接搜索法用于地震定位,在不同深度上搜索震相到时残差平方和的极小值,其最小值对应的深度和震中位置即为所求的震源坐标。该方法也不需要求偏导数或逆矩阵,且对迭代初值要求较低,选取到时最小的台站位置即可。

此外还有蒙特卡罗法、模拟退火法、遗传算法等,也已经用于地震定位工作。

（6）双重残差法（DDA）

Waldhauser 和 Ellsworth 于 2000 年提出了双重残差定位法,其基本算法如下:对台站 k,引入"事件对"i,j 及双重残差,即:

$$\mathrm{d}r_{ij}^k = r_i^k - r_j^k = (t_i^k - t_{0i} - T_i^k) - (t_j^k - t_{0j} - T_j^k) = (t_i^k - t_j^k) - (t_{0i} + T_i^k - t_{0j} - T_j^k) \tag{4-31}$$

注:$\mathrm{d}r_{ij}^k$ 用绝对到时或者用两个事件的到时差。

对单事件定位,有:

$$r_i = t_i - t_0^* - T_i(h^*) = \delta t_0 + \frac{\partial T_i}{\partial x_0}\delta x_0 + \frac{\partial T_i}{\partial y_0}\delta y_0 + \frac{\partial T_i}{\partial z_0}\delta z_0 \tag{4-32}$$

将式（4-32）分别用于事件 i,j 并相减,得到:

$$\delta t_{0i} + \frac{\partial T_i^k}{\partial x_0}\delta x_{0i} + \frac{\partial T_i^k}{\partial y_0}\delta y_{0i} + \frac{\partial T_i^k}{\partial z_0}\delta z_{0i} - \delta t_{0j} - \frac{\partial T_j^k}{\partial x_0}\delta x_{0j} - \frac{\partial T_j^k}{\partial y_0}\delta y_{0j} - \frac{\partial T_j^k}{\partial z_0}\delta z_{0j} = \mathrm{d}r_{ij}^k \tag{4-33}$$

将式（4-33）用于所有台站和事件,反演得到震源的绝对位置,此即双重残差法（DDA）。

DDA 方法可以利用谱域中的互相关分析法读取事件的到时差,提高了到时数据的精确度,算法的抗干扰性较强。

4.2.2 矿震定位方法

上述定位方法中,Geiger法及其各个改进的方法已被应用于微震定位的研究。对于矿震定位,在有足够台站数的情况下是值得应用的。由于矿震震源浅,速度模型可以简化。

多事件定位中,JED法、JHD法和SSH法都需要大量的台站事件,不适合矿震的迅速定位。相对定位方法已经应用于声发射定位中,且由于它的优点,只要满足条件,应用于矿震的定位完全有可能。台偶时差法比较适合于矿震,但程序实现较为困难。

非线性方法中的Powell直接搜索法已经应用于微震定位。该方法不需要求目标函数的偏导数或逆矩阵,对初值要求不高,应用于矿震是可行的。

下面对矿震定位方法进行讨论。

(1)单台定位

当矿震p波、s波的速度分别为$v_{\overline{P}}$、$v_{\overline{S}}$,通过程序得到P波、S波的监测到时分别为$T_{\overline{P}}$、$T_{\overline{S}}$,P波在3个分向上的初次运动矢量时,可用以下方法进行定位。

假设矿震波从震源出发,沿直线传播到各个台站;矿震P波、S波的速度在整个监测矿区内是均匀不变的。将4.1.2节式(4-10)代入式(4-8)或式(4-9),得到震源点到台站的距离:

$$r = \frac{v_{\overline{P}} v_{\overline{S}} (T_{\overline{S}} - T_{\overline{P}})}{v_{\overline{P}} - v_{\overline{S}}} \tag{4-34}$$

如图4-1所示,距离r按初动方向,在3个方向上的分量(x_{11}, y_{11}, z_{11}),加上站台O_1的矿区坐标值(x_1, y_1, z_1),就得到了震源点E的坐标值(x_0, y_0, z_0)。

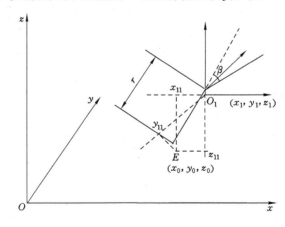

图 4-1　单台定位图

即:

$$x_0 = x_{11} + x_1 = rl_1 + x_1 \tag{4-35}$$

$$y_0 = y_{11} + y_1 = rm_1 + y_1 \tag{4-36}$$

$$z_0 = z_{11} + z_1 = rn_1 + z_1 \tag{4-37}$$

式中,l_1, m_1, n_1为1号台站P波的初动方向。

以北京昊华集团木城涧煤矿为例:460 m水平三石门煤巷上山于2006年4月4日21

时 02 分发生矿震,冲垮巷道 100 多米。应用单台定位程序得出震源点坐标为($-17\,608$,$4\,420\,999$,463),发震时刻为 2006 年 4 月 4 日 21:02:30。实际震源坐标为($-17\,649$,$4\,421\,036$,460),三分向误差分别为 41 m、36 m、13 m,小于误差上限 60 m。

(2) 两台、三台定位

当有两个或三个站台获得矿震信号时,可以采用以下两种方法:

① 在两个或三个单台定位结果的基础上引进权系数的方法定位,目前各个台站的权系数取 $\frac{1}{n}$($n=2,3$)。

② 认为矿震波从震源点 $E(x_0, y_0, z_0)$ 到各个站台以射线传播,射线所在直线的交点或异面直线公垂线的中点(直线不相交时),可作为震源坐标。以两台站为例,如图 4-2 所示,设站台 1、站台 2 矿区坐标分别为 $O_1(x_1, y_1, z_1)$ 和 $O_2(x_2, y_2, z_2)$,则由 P 波初动方向确定的直线方程分别为:

$$\frac{x-x_1}{l_1} = \frac{y-y_1}{m_1} = \frac{z-z_1}{n_1} \tag{4-38}$$

$$\frac{x-x_2}{l_2} = \frac{y-y_2}{m_2} = \frac{z-z_2}{n_2} \tag{4-39}$$

式中,(l_1, m_1, n_1)和(l_2, m_2, n_2)分别为 1 号和 2 号台站接收到的 P 波初动方向。

联立式(4-38)和式(4-39)求解,如两直线交于一点[图 4-2(a)],则此点的坐标即为震源点 $E(x_0, y_0, z_0)$ 的坐标;两直线为空间异面直线[图 4-2(b)],作两异面直线的公垂线,以其公垂线的中点为所定位的震源点。

当 3 个台站测到微震信号时,3 个台站两两交叉应用直线方程法可以得到 3 个交点或中点的坐标值,引入权函数定出震源点坐标,当权函数都取 1/3 时就是取平均值。

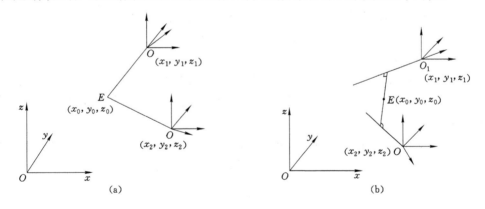

图 4-2 二台定位原理图

(a) 相交 (Intersect);(b) 异面 (Non-uniplanar)

(3) 多台定位

不小于 4 个台站的定位,称为多台定位。设矿震震源点 E 的矿区坐标为(x_0, y_0, z_0),发震时刻为 t_0,假定 P 波在煤岩体介质中以常速度 v_P 传播,则矿震震源与第 i 个传感器之间的走时方程为:

$$[(x_i - x_0)^2 + (y_i - y_0)^2 + (z_i - z_0)^2]^{\frac{1}{2}} - v_P(T_i - t_0) = 0 \quad (i = 1, 2, \cdots, m)$$

(4-40)

式中　(x_i, y_i, z_i)——第 i 个传感器的测量坐标；

　　　T_i——监测到时；

　　　m——接收到信号的传感器的个数；

　　　(x_0, y_0, z_0, t_0)——所要求的微震源的时空参数。

处理这个非线性问题比较困难，因此利用一线性系统来代替，基本函数就是描述实际用来替代的方程组，由式(4-40)经代数变换得到。

如果用第 i 个测点的走时方程减去第 k 个测点的走时方程，将会得到 SW-GBM 算式的所有函数形式：

$$2(x_i - x_k)x + 2(y_i - y_k)y + 2(z_i - z_k)z - 2v_P^2(T_i - T_k)t =$$
$$x_i^2 - x_k^2 + y_i^2 - y_k^2 + z_i^2 - z_k^2 - v_P^2(T_i^2 - T_k^2) \quad (i, k = 1, 2, \cdots, m) \quad (4\text{-}41)$$

通过 i 和 k 组合可以产生 $m(m-1)/2$ 个线性方程，其中只有 $m-1$ 个线性独立的方程。如果从所有的方程中选取一个包含 $m-1$ 个方程的特殊集合，那么将有 $[C_{m(m-1)/2}^{m-1}]$ 种组合结果，产生多种不同的源定位方式。特殊集合的选取应以每个传感器贡献的信息均等为准则。方程式(4-42)给出了特殊集合，能够抵消测量得到的各个传感器的坐标和到时的误差。

$$2(x_i - x_{i-1})x + 2(y_i - y_{i-1})y + 2(z_i - z_{i-1})z - 2v_P^2(T_i - T_{i-1})t =$$
$$x_i^2 - x_{i-1}^2 + y_i^2 - y_{i-1}^2 + z_i^2 - z_{i-1}^2 - v_P^2(T_i^2 - T_{i-1}^2) \quad (i = 2, 3, \cdots, m) \quad (4\text{-}42)$$

方程式(4-42)以矩阵形式表示为：

$$\boldsymbol{A}_{mn}\boldsymbol{X}_n = \boldsymbol{B}_m$$

(4-43)

本书讨论的定位问题为 $n = 4$，下面对 m 取不同值时的各种情况进行讨论：

① 当 $0 < m < 4$ 时：选取 4.2.1 或 4.2.2 节中的定位方法进行计算。

② 当 $m = n = 4$ 时：假设 4 个台站处于同一水平面上。矿震震源点 E 到 4 个台站的铅垂距离相等，方程组(4-43)中有 3 个未知数，$m-1 = 3$ 个方程，方程组可解，注意系数矩阵 $\boldsymbol{A}_{33}$ 为病态的可能。4 个台站的海拔高度取 830 m，应用 VB 编程，求出 x_0、y_0 和 t_0 后代回式(4-41)中可得 z_0 的值。表 4-1 给出了 4 组到时，将其应用于定位中，理论结果与试验结果如表 4-2 所示。

由表 4-2 可见，第一组误差稍大，第二组误差最小；4 组结果中铅垂方向较其他两个方向误差要大，原因可能在于 z 值是回代求解。通过表中误差值可以看出，此程序所求得的震源点坐标值与理论值近似，结果符合预期，程序可应用于实际。

表 4-1　　　　　　　　　　　　　　　各台站试验到时数据

台站	No. 1 矿震	No. 2 矿震	No. 3 矿震	No. 4 矿震
No. 1	3 321 947 162. 174 246	3 311 692 360. 710 478	3 311 692 360. 748 628	3 311 692 360. 897
No. 2	3 321 947 162. 146 281	3 311 692 360. 896 74	3 311 692 360. 913 016	3 311 692 360. 982 22
No. 3	3 321 947 161. 874 779	3 311 692 361. 037 972	3 311 692 361. 001 478	3 311 692 360. 869 06
No. 4	3 321 947 162. 048 379	3 311 692 360. 874 926	3 311 692 360. 832 914	3 311 692 360. 734 71

注：表中数据单位为 s，大小是从 1999 年 12 月 31 日 00:00:00 到监测到时所经历的秒数。

表 4-2 理论结果与计算结果对比表

序号	理论发震时刻	计算发震时刻	理论震源/m	计算震源/m	误差/m
No. 1	2006-4-6 11:06:02	2006-4-6 11:06:02	$x_{0T}=-18\ 000$ $y_{0T}=4\ 421\ 000$ $z_{0T}=810$	$x_{0C}=-18\ 000.037\ 3$ $y_{0C}=4\ 421\ 000.001\ 3$ $z_{0C}=808.963\ 2$	$\Delta x=0.037\ 3$ $\Delta y=-0.001\ 3$ $\Delta z=1.046\ 8$
No. 2	2004-12-8 18:32:41	2004-12-8 18:32:41	$x_{0T}=-16\ 000$ $y_{0T}=4\ 420\ 670$ $z_{0T}=760$	$x_{0C}=-16\ 000.007\ 9$ $y_{0C}=4\ 420\ 670.001\ 7$ $z_{0C}=760.067\ 6$	$\Delta x=0.007\ 9$ $\Delta y=-0.001\ 7$ $\Delta z=-0.676$
No. 3	2004-12-8 18:32:41	2004-12-8 18:32:41	$x_{0T}=-16\ 206$ $y_{0T}=4\ 420\ 660$ $z_{0T}=800$	$x_{0C}=-16\ 204.987\ 6$ $y_{0C}=4\ 420\ 649.991\ 7$ $z_{0C}=799.762\ 8$	$\Delta x=-0.012\ 4$ $\Delta y=0.008\ 3$ $\Delta z=0.247\ 2$
No. 4	2004-12-8 18:32:41	2004-12-8 18:32:41	$x_{0T}=-17\ 060$ $y_{0T}=4\ 420\ 360$ $z_{0T}=700$	$x_{0C}=-17\ 060.003\ 6$ $y_{0C}=4\ 420\ 349.966\ 0$ $z_{0C}=699.696\ 9$	$\Delta x=0.003\ 6$ $\Delta y=0.044$ $\Delta z=0.303\ 1$

③ 当 $m=5$ 时,各台站若不在同一水平面上,式(4-43)将是一超越方程组,求出 x_0 , y_0 和 t_0 之后,同第 2 种情况回代;若各台站同一水平面上,式(4-43)将是一个系数矩阵为四阶方阵的四元一次方程组,注意系数矩阵 $\boldsymbol{A}_{44}$ 病态情况即可。

④ 当 $m \geqslant 6$ 时,式(4-43)是一线性超越方程组,可采用最小二乘法(QR)、奇异值分解法(SVD)、正规化法等求解此超越方程组。下面仅介绍正规化法的求解过程。

将方程组(4-43)两边各乘以 $\boldsymbol{A}$ 矩阵的转置矩阵 $\boldsymbol{A}^{\mathrm{T}}$,令 $\boldsymbol{C}=\boldsymbol{A}^{\mathrm{T}}\boldsymbol{A}$, $\boldsymbol{D}=\boldsymbol{A}^{\mathrm{T}}\boldsymbol{B}$,则式(4-43)变换为:

$$\boldsymbol{C}_{\mathrm{nn}}\boldsymbol{X}_{\mathrm{n}} = \boldsymbol{D}_{\mathrm{n}} \qquad (4\text{-}44)$$

将方程式(4-40)转换成走时 T_i 的函数形式,并在 (x', y', z') 点作 Taylor 展开,略去高次项,有:

$$T_i = T_i' + \frac{\partial T_i}{\partial x}\delta x + \frac{\partial T_i}{\partial y}\delta y + \frac{\partial T_i}{\partial z}\delta z \quad (i=1,2,\cdots,m) \qquad (4\text{-}45)$$

其中, (x', y', z') 是 (x_0, y_0, z_0) 附近一点, T_i' 是相应于 (x', y', z') 点的走时,设矿震的发震时刻为 t_0 ,初始值为 t_0' ,则有:

$$\begin{cases} \delta x = x - x' \\ \delta y = y - y' \\ \delta z = z - z' \\ \delta t = t_0 - t_0' \end{cases} \qquad (4\text{-}46)$$

监测到时:

$$t_i = t_0 + T_i \qquad (4\text{-}47)$$

计算到时:

$$t_i' = t_0' + T_i' \qquad (4\text{-}48)$$

矿震源时空参数向量能够分解成两个分离的向量:三维空间向量增量的估算,一维发震时刻增量的估算。一维向量取加权平均后为:

$$t' + \delta t = \langle t_i \rangle - \langle T_i' \rangle - \langle \frac{\partial T_i}{\partial x} \rangle \delta x - \langle \frac{\partial T_i}{\partial y} \rangle \delta y - \langle \frac{\partial T_i}{\partial z} \rangle \delta z \quad (i = 1, 2, \cdots, m) \quad (4\text{-}49)$$

其中，

$$\begin{cases} \langle t_i \rangle = \sum_{i=1}^{m} w_i t_i / \sum_{i=1}^{m} w_i \\ \langle T_i' \rangle = \sum_{i=1}^{m} w_i T_i' / \sum_{i=1}^{m} w_i \\ \langle \frac{\partial T_i}{\partial u} \rangle = \sum_{i=1}^{m} w_i \frac{\partial T_i}{\partial u} / \sum_{i=1}^{m} w_i \end{cases} \quad (4\text{-}50)$$

式中　w_i——第 i 个传感器接收到信号的加权值；

$u = (x_0, y_0, z_0)^\mathrm{T}$。

三维空间向量增量的估算可用降维处理得到：

$$\left[\frac{\partial T_i}{\partial x} - \langle \frac{\partial T_i}{\partial x} \rangle\right] \delta x + \left[\frac{\partial T_i}{\partial y} - \langle \frac{\partial T_i}{\partial y} \rangle\right] \delta y + \left[\frac{\partial T_i}{\partial z} - \langle \frac{\partial T_i}{\partial z} \rangle\right] \delta z = t_i - \langle t_i \rangle + \langle T_i' \rangle - T_i'$$

$$(4\text{-}51)$$

利用上述两个梯度向量求解，可以使定位坐标和起始时间决定的到时残差的平方和最小，使二次定位结果更加趋于实际值。

4.3　修正的 SW-GBM 定位公式

通过多台站定位，将式(4-40)和式(4-41)中 P 波速度 v_P 用 $\frac{v_1}{\sin\theta}$ 进行替换，并得到式 (4-52)和式(4-53)，试验地点和方案同上述，将传感器布设在介质变化层面上。

走时方程为：

$$\left[(x_i - x_0)^2 + (y_i - y_0) + (z_i - z_0)^2\right]^{\frac{1}{2}} - \frac{v_1}{\sin\theta}(T_i - t_0) = 0 \quad (i = 1, 2, \cdots, m)$$

$$(4\text{-}52)$$

改进后 SW-GBM 算式的所有函数形式如下：

$$2(x_i - x_k)x + 2(y_i - y_k)y + 2(z_i - z_k)z - 2\left(\frac{v_1}{\sin\theta}\right)^2(T_i - T_k)t =$$

$$x_i^2 - x_k^2 + y_i^2 - y_k^2 + z_i^2 - z_k^2 - \left(\frac{v_1}{\sin\theta}\right)^2(T_i^2 - T_k^2) \quad (i, k = 1, 2, \cdots, m)$$

$$(4\text{-}53)$$

方程式(4-54)能够抵消测量得到的各个传感器的坐标和到时的误差。

$$2(x_i - x_{i-1})x + 2(y_i - y_{i-1})y + 2(z_i - z_{i-1})z - 2\left(\frac{v_1}{\sin\theta}\right)^2(T_i - T_{i-1})t =$$

$$x_i^2 - x_{i-1}^2 + y_i^2 - y_{i-1}^2 + z_i^2 - z_{i-1}^2 - \left(\frac{v_1}{\sin\theta}\right)^2(T_i^2 - T_{i-1}^2) \quad (i = 2, 3, \cdots, m)$$

$$(4\text{-}54)$$

基于上述公式容易用 VB 编程进行求解。通过爆破震动试验对上述理论进行验证。表 4-3 是定位结果比较。由表 4-3 可见，定位误差与表 4-2 所示误差相比，精确度有了明显提高。

表 4-3 实际震源与计算结果对比表

序号	发震时刻	爆破震源/m	计算震源/m	误差/m
No. 1	2010-6-6 09:01:05	$x_{0T}=-18\,000$ $y_{0T}=4\,421\,000$ $z_{0T}=810$	$x_{0C}=-18\,002.124\,5$ $y_{0C}=4\,421\,002.661\,8$ $z_{0C}=805.957\,8$	$\Delta x=2.124\,5$ $\Delta y=2.661\,8$ $\Delta z=-4.042\,2$
No. 2	2010-6-6 10:21:32	$x_{0T}=-16\,000$ $y_{0T}=4\,420\,670$ $z_{0T}=750$	$x_{0C}=-16\,001.251\,7$ $y_{0C}=4\,420\,672.814\,2$ $z_{0C}=753.162\,5$	$\Delta x=1.251\,7$ $\Delta y=2.814\,2$ $\Delta z=3.162\,5$
No. 3	2010-6-6 14:20:11	$x_{0T}=-16\,205$ $y_{0T}=4\,420\,550$ $z_{0T}=800$	$x_{0C}=-16\,202.864\,5$ $y_{0C}=4\,420\,548.841\,1$ $z_{0C}=796.548\,9$	$\Delta x=-2.135\,5$ $\Delta y=-1.158\,9$ $\Delta z=-3.451\,1$
No. 4	2010-6-6 15:15:263	$x_{0T}=-17\,050$ $y_{0T}=4\,420\,350$ $z_{0T}=700$	$x_{0C}=-17\,052.412\,3$ $y_{0C}=4\,420\,348.162\,5$ $z_{0C}=695.774\,8$	$\Delta x=2.412\,3$ $\Delta y=-1.837\,5$ $\Delta z=-4.225\,2$

通过上述研究,矿震定位的误差之一——速度模型引起的系统误差,可以通过矿震震波传播模型进行有效校正。但是要真正较大幅度地提高矿震定位精度,不仅要满足煤矿安全生产需要,为今后矿震深入研究提供理论基础,还要消除震中参数引起的随机误差和由到时、速度模型等引起的系统偏差。也就是说,除了要对矿震震波传播规律进行研究,还要同时对 P、S 波的到时拾取,矿震监测台站的数量、空间布局进行深入研究,这样才能较大幅度提高矿震定位精度。

4.4 震源位置定位算法

4.4.1 模型建立

假定微震监测区域为一边长为 1 000 m 的立方体区域,分别在区域的 8 个顶点位置布置传感器,坐标(单位均为 m)分别是 $A(0,0,0)$,$B(1\,000,0,0)$,$C(1\,000,1\,000,0)$,$D(0,1\,000,0)$,$E(0,0,1\,000)$,$F(1\,000,0,1\,000)$,$G(1\,000,1\,000,1\,000)$,$H(0,1\,000,1\,000)$,为方便探究不同因素对定位误差的影响,简化理论模型中波在介质中传播的等效波速 $v=5\,600$ m/s,监测区域中心点 O 坐标为 $(500,500,500)$,分别研究震源位置在区域内和区域外的定位求解效果。在给出震源坐标和波速后,首先假定 0 时刻激发震源求解出震源到各传感器的到时作为真值,然后利用到时再进行定位计算,震源点 1~11 的坐标依次为 $(500,500,500)$,$(400,400,400)$,…,$(-500,-500,-500)$。震源点 1~6 位于监测区域包络线内,即 AG 连线内,震源点 7~11 位于监测区域包络线外,即 AG 延长线上。各震源点至全部传感器的到时采用四舍五入,以 0.1 ms 为最小单位来模拟到时拾取带来的误差。模型见图 4-3。

4.4.2 定位算法

粒子群算法是一种新兴的进化算法,该方法搜索过程中粒子根据自己的飞行历程和群

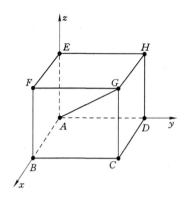

图 4-3　监测区域模型

体之间信息的传递不断调整搜索的方向和速度,该搜索过程主要是依靠粒子间的相互作用和相互影响完成的,具有实现容易、收敛快、精度高的特点。同时,"粒子群"在解空间的自由飞行问题时能够很好地解决最终解是局部最优解的问题。粒子 i 的速度与位置的更新公式分别为式(4-55)、式(4-56):

$$v_{id} = wv_{id} + c_1 r_1 (P_{id} - X_{id}) + c_2 r_2 (P_{gd} - X_{id}) \tag{4-55}$$

$$X_{id} = X_{id} + V_{id} \tag{4-56}$$

式中　w——惯性权重;

　　c_1, c_2——取值在[2,4]之间的随机整数,称为学习因子或加速因子;

　　r_1, r_2——介于[0,1]之间的随机数,分别称为最大惯性权重和最小惯性权重;

　　$d = 1,2,3,\cdots,D, D$ 为解向量的维数;

　　$V_{id}, X_{id}, P_{id}, P_{gd}$——迄今为止粒子 i 在第 d 维空间的飞行速度、位置以及搜索到的最优解和整个粒子群搜索到的最优解。

　　通过 MATLAB PSO 工具箱进行定位求解,PSO 参数设置:学习因子 $c_1 = c_2 = 2$,惯性权重 $r_1 = 0.9, r_2 = 0.4$,群体例子数设为 20,$w = 1$,结束条件为最大迭代次数为 20 000 或 $\varepsilon = 1e^{-25}$。在已知波速 $v = 5\,600$ m/s 的情况下,$D = 3$,采用未知波速进行定位求解时 $D = 4$。

　　(1) 定位方法对定位的影响

　　为探究不同定位方法对定位误差的影响,本书通过离子群算法对已知波速和未知波速两种目标函数进行定位。公式见式(4-57)、式(4-58),定位结果误差如图 4-4 所示。

$$f = \min \sum_{i=1}^{n} (\Delta \hat{t}_{ij} - \Delta t_{ij})^2 = \min \sum_{i=1}^{n} \left(t_i - t_j - \frac{l_i - l_j}{v} \right)^2 \tag{4-57}$$

$$f = \min \| (t_i - t_j)v - (l_i - l_j) \| \tag{4-58}$$

　　从图 4-4(a)可以看出,在已知波速的情况下,随着震源点位置远离监测台站包络线的中心,x, y, z 三个方向的误差均呈现增大的趋势。采用未知波速进行定位时,各震源点的定位误差随着距离监测台站中心点越来越远,误差呈现跳跃性变化,定位误差在区域内数值较小,在区域外随距离的增大误差增大趋势明显,大于采用已知波速的定位误差。由图 4-4(b)可知,未知波速求得波速与已知波速定位误差相差较大,不能反映真实地质波速情况。在不考虑波速误差的情况下,两种定位方法对定位误差的影响不是很明显,只是定位误差的变化趋势有所不同。

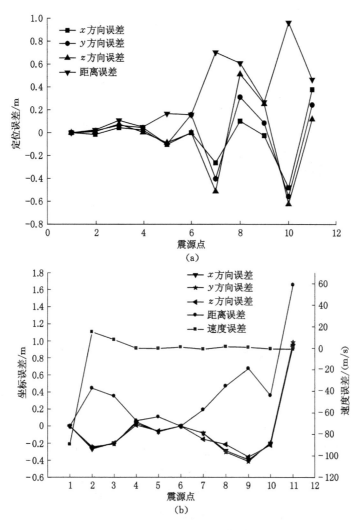

图 4-4 定位误差分布

（a）已知波速；（b）未知波速

（2）波速误差对定位的影响

采用已知波速模型进行定位时，首先对实验区域岩样通过超声波测速仪测定岩样 P 波波速。给定的波速与实际波速存在差异，因此以±2％，±5％，±10％，±15％的误差对原始波速 $v=5\ 600$ m/s 进行扰动并以其作为波速真值，扰动误差大于 0 时表示实际波速小于 v，反之则表示实际波速大于 v，然后计算到时并同 $v=5\ 600$ m/s 一起作为定位计算的初始值，验证波速误差对定位的影响。各震源在不同波速误差扰动下的定位距离误差如图 4-5 所示。

通过图 4-5 可以发现，采用已知波速进行定位时，波速误差对定位结果影响很大。当实际波速小于定位用波速时，各震源点的定位误差随着波速误差的增大呈直线增长。当实际波速大于定位用波速时，区域内各震源点的定位误差随着波速误差的增大呈直线增长，区域外各震源点的定位误差明显大于区域内的，且随着波速误差的增大近似呈指数增长。总的

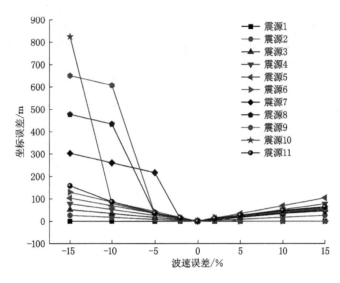

图 4-5　不同波速误差扰动下的震源定位距离误差分布

来说,定位波速过小带来的误差更大一些,对定位影响更大。

4.4.3　震源位置对定位的影响

当震源点处于监测台阵的包络中心时,定位误差较小,处于包络线外时定位误差较大。从图 4-6 中可以明显看出监测区域内和区域外各震源点的定位误差有着明显差异。当实际波速大于定位波速,扰动值小于 −5％时,在区域内定位误差随着距中心点距离的增大而直线增加,从震源点 6,即内外区域分界点处,误差变化速率突然变大,随后又突然变小,随着扰动值的减小其变小的位置也越来越远,误差变化速率并最终趋于平稳。当实际波速小于定位波速时:① 扰动值大于 5％时,在区域内部定位误差随着距中心点距离的增大而先增加后减小,从分界点开始又随着距离的增大而逐渐增大;② 扰动值为 ±2％时,定位误差很小,在区域内呈直线缓慢增大,在区域外误差较稳定。这说明震源位置对定位的影响受波速误差的干扰,当波速存在过大误差时,根据图 4-6 可将定位误差的变化从区域中心点分为 3 个区域——近距增大区域、突变区域和远距增大区域,定位误差的变化趋势在突变区域发生改变,突变区域的范围和变化特性取决于波速误差。

4.4.4　台面数量对定位的影响

为了分析高密度台阵进行微震监测的定位效果,分别采用不同台面即依次采用 180 平面、140 平面、100 平面、斜井(长、短斜井一起)传感器以及部分平面传感器联合来进行定位,定位采用未知波速定位以获得更好的定位结果,定位结果如图 4-7 所示。可以发现,在采用单一台站平面进行定位时,仅当震源位于监测平面上或附近时才会较准确地实现震源的定位,远离震源的监测平面单一定位的误差极大,尤其是竖向定位误差,如采用 140 平面的传感器对 100 平面进行定位时,其竖向误差竟达到了 51 m,而两个平面之间的竖向距离也仅 40 m。采用两监测平面进行定位时,定位效果明显优于单一平面,但仍低于采用全部传感器进行定位,说明传感器"阵面"的增加能够很大限度地减小定位误差,对提高微震定位精度有着积极作用。

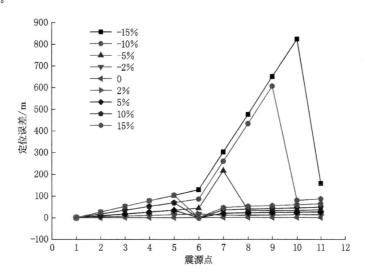

图 4-6 不同位置的震源定位误差分布

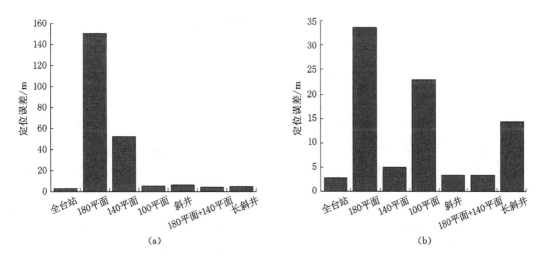

图 4-7 定位误差同传感器位置的关系
(a) 100 平面震源定位误差；(b) 140 平面震源定位误差

4.4.5 台站数量对定位的影响

为了验证监测台阵密度对定位效果的影响，并避免采用单一平面进行定位，从台阵中所有传感器中选择 4 个传感器并逐次叠加其他位置的传感器联合对 140 平面微爆破选择不同数量的传感器进行未知波速定位，每次选择 3 组数据进行定位取平均值，得到的定位结果误差如图 4-8 所示。通过图 4-8(a)可以看出，传感器的数量对提高震源定位精度有着积极作用，随着传感器数量的增加，定位误差越来越小。对定位误差进行求导，得到误差变化趋势曲线，如图 4-8(b)所示。可以看出，当传感器数量为 4~14 时，定位误差随着传感器数量的增加明显减小，之后导数数值变化平缓，但仍然小于 0，说明传感器数量的增加能够改善定位效果,从而证明了高密度台阵对控制微震监测精度是有利的,采用全台阵的震源定位误差约为2.6 m。通过对图中定位误差数据的拟合,得到定位误差 ΔL 和传感器数量 n 之间的数学关系式如式(4-59)所示,校正决定系数 Adj. R-Square=0.989 72,说明拟合结果非常真实,通过该式可以发现两者之间呈指数关系。

$$\overline{\Delta L} = 251.999\mathrm{e}^{-\frac{n}{2.343}} + 3.166 \qquad (4\text{-}59)$$

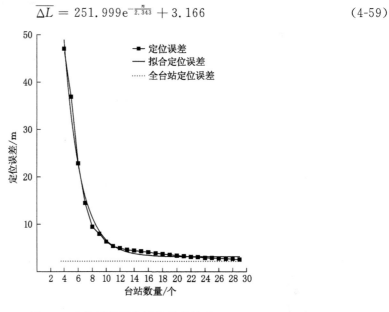

图 4-8 定位误差同台站数量的关系

以上计算中,采用全台阵定位反演得到的 140 平面和 100 平面 P 波波速分别为 5 898 m/s 和 5 903 m/s,同室内实验测得的结果相差较大。另外,同模型分析的结果相比,实际监测的定位误差较大,这都与地质结构的复杂性有关。事实上,岩体中裂隙、节理、断层等各种不连续面的位置、尺寸及走向都影响着波在介质中的传播,并且定位需要的到时是从在噪声环境中记录的波形中通过震相识别得到的,不可避免存在误差。高密度台阵微震监测,一方面能够扩大到时数据数量,减少到时误差影响的突出性;另一方面,高密度台站尤其是采用三维布设时,不同程度减少了震源到各个传感器的走时路程,降低了岩体不均匀性带来的走时数据在空间和时间上与理论计算的差别,综上两点使得高密度台站有效提高了矿山微震震源定位效果。

4.5 本章小结

通过几种经典的地震定位问题,研究了适合于矿震特点的定位问题解决方法及其在矿震监测定位系统中的应用,得出以下结论:

(1)采用走时和震源距离的关系式推导出矿震发震时刻的计算公式[式(4-10)]。这是一种可以应用于单台站发震时刻的计算方法。此方法表达式清晰,易于程序实现,但其结果的精度取决于较难读取的 S 波到时。

(2)研究了基于发震时刻计算公式[式(4-10)]的单台站定位方法,并在木城涧矿震监测定位系统中的应用,定位结果小于系统规定的误差上限;研究了适合于两台站和三台站定位的直线方程法;对 SW-GBM 法的各种情况进行了讨论,并对平面四点定位程序进行了试验,通过误差分析验证了程序的正确性,可以应用于实际。

（3）矿震定位精度受随机误差和系统偏差同时影响。随机误差可以通过矿震监测台站的空间布局消除,系统偏差可以通过传播时间异常的细致分析来消除,或者通过群地震同时发生的位置和速度模型消除。在介质假定基础上,基于惠更斯原理,建立矿震震波传播的三维波动方程,对原有的矿震定位公式进行修正,计算结果表明,能够有效提高矿震定位精度。

（4）用理论建模的形式对含波速和不含波速的目标函数以及震源位置效果分析,发现在含波速的目标函数中,波速误差对定位结果有很大的影响,这种影响呈指数形式增大。当震源点处于监测台阵的包络中心时,定位误差较小,处于包络线外时定位误差较大。当台面数量一定时,定位精度随台站数量的增加有显著的提高,当台站数量大于 12 时,这种增加不再明显。当台站数量一定时,台面数量的增加对定位精度有显著提高,多台面精度明显高于单台面,最佳台站密度为 0.019 2%。

今后对于矿震定位的研究要同时将速度模型的研究、到时拾取、监测台站的空间布局进行综合分析,才能更有效提高矿震定位精度。这也是今后研究工作的重点。

5 矿震震级及预测的研究

本章在地震震级的定义、类型、分级等的基础上,应用近震震级、矩震级和持续时间震级三种标度测定矿震的震级大小。在近震震级计算中将采用细化的起算函数;拟合适用于木城涧矿区的持续时间震级公式;并将对震级标度的计算结果进行分析。

在矿震震级研究基础上,基于最大熵原理建立矿震震级分布统一预测模型,解释矿震震级服从某种概率分布的原因,最大限度地利用每个矿震的信息,克服不同尺度时损失了矿震有用信息的问题,为矿震统计分布建模和信息熵预测矿震提供了一种有效方法,用矿震监测数据进行了验证,对采区矿震震级次数分布进行拟合,与其他分布相比较,其精度很高。

5.1 地震震级概述

地震的震级是通过测量地震波中的某个震相的振幅来衡量地震相对大小的一个量,它是由日本的和达清夫(Kiyoo Wadati,1902—1995)和美国的里克特(Charles F. Richter,1900—1985)在 20 世纪 30 年代提出和发展起来的(Stein and Wysession,2003)。衡量地震的大小最好的方法是确定其地震矩 M_0 及其震源谱的总体特征。但是,测定地震矩和震源谱需要对地震体波或面波的波形作模拟或反演,这个过程十分复杂。从实用的角度来看,需要有一种测定地震大小的简便易行的方法,例如用某个震相(如 P 波)的振幅来测定地震的大小。可是,用远场 P 波或 S 波的振幅和波形的特征来衡量地震大小是有缺点的,这是因为远场 P 波和 S 波的波形与地震矩随时间的变化率成正比(Aki and Richards,1980),所以地震矩相同的地震如果其震源时间函数不同,它们所产生的远场体波的波形、振幅便会相差很大。并且,由于不同型号地震仪的频带各不相同,它们记录下来的同一震相的波形、振幅也会各不相同。尽管如此,迄今仍然普遍采用通过对振幅的测量来测定地震的大小——震级,这是因为:

(1)测定震级的方法简便易行。

(2)震级是在比较狭窄的频率较高的频段测定地震的大小,例如地方性震级是在 1 Hz 左右来测定地震的大小,而这个频段正好常是(虽然不一定总是)造成建筑物与结构物破坏的频段。

地震震级有许多种标度,诸如近震震级 M_L,面波震级 M_S,体波震级 M_B(中长周期仪器)、M_b(短周期仪器),统一震级 m(体波震级为主)、M(面波震级为主),矩震级 M_W,持续时间震级 M_D(短仪)、M_C(中长仪尾波震级),烈度震级 M_I,谱震级 M_T 等。每种标度都有一个或多个计算公式。目前,不论是在国内还是国外,经常使用的仍然是最前面的两种标度。

震级标度基于两个基本假设(Richter,1958;傅承义等,1985)。第一个假设是:已知震源与监测点,两个大小不同的地震,平均而言,较大的地震引起的地面震动的振幅也较大。

第二个假设是:统计结果表明从震源至监测点的地震波的几何扩散和衰减是已知的。根据这两个基本假设,可以定义所有震级标度的一般形式为:

$$M = \lg\left[\frac{A}{T}\right] + f(\Delta, h) + C_s + C_r \qquad (5\text{-}1)$$

式中　M——震级;

　　　A——用于震相的地动振幅;

　　　T——其周期;

　　　$f(\Delta, h)$——振幅随震中距 Δ 和震源深度 h 变化的校正因子;

　　　C_s——台基校正因子,与地壳结构、近地表岩石的性质、土壤的疏松程度、地形等因素引起的放大效应有关,而与方位无关;

　　　C_r——震源校正因子,亦称为区域性震源校正因子,是对震源区所在处的岩性不同所引起的差异作校正的因子。

对振幅取对数是考虑到地震所产生的地震波的振幅变化范围很大:地震仪记录的由地震所产生的地面位移的振幅小可到纳米($1\ \text{nm} = 10^{-9}\ \text{m}$),大可到 $10\ \text{m}$,跨越 11 个数量级,取对数之后便得到以数量级为 1 的数表示的震级,使用起来相当方便。

我们通常听到的震级数都被冠以"里氏"的字样,这是源于 Richter 的近震震级。为了对震级的大小有一个直接的印象,这里列举几次地震的震级。1976 年 7 月 28 日发生的河北唐山大地震主震震级里氏 7.8 级;1960 年 5 月 22 日发生于太平洋智利海沟、蒙特港附近海底的智利地震,是世界地震史上震级最高、最强烈的一次地震,震级达里氏 9.5 级;2005 年 10 月 8 日,巴基斯坦北部地区发生了里氏 7.6 级地震,造成 8.6 万多人死亡,10 万多人受伤;2005 年 11 月 26 日江西九江发生地震,震级为里氏 5.7 级,造成 14 人死亡,370 多人受伤;2006 年 5 月 27 日,印尼爪哇岛发生了里氏 6.2 级地震,造成 5 782 人死亡,数万人受伤。

中国目前使用的震级标准,是国际上通用的里氏分级表,共分 9 个等级。在实际测量中,地震越大,震级的数字也越大。其中零级地震被定义为:用著名的伍德—安德森(Wood-Anderson)扭力地震计(其常数为:摆的固有周期 $T_0 = 0.8\ \text{s}$,放大率 $V = 2\ 080$,阻尼常数 $h = 0.8$),在震中距 $\Delta = 100\ \text{km}$ 处记录到的地震波水平分量最大振幅平均值为 $1\ \mu\text{m}(10^{-3}\ \text{mm})$ 的地震。里氏 -1 级的地震相当于用槌子敲击地面发出的震动。一个 6 级地震释放的能量相当于美国投掷在日本广岛的原子弹所具有的能量。

震级 M 与震源发出的总能量 E 之间有如下关系:

$$\lg E = 11.8 + 1.5M$$

即

$$E = 10^{11.8 + 1.5M} \qquad (5\text{-}2)$$

式中,E 的单位为尔格,1 尔格 $= 10^{-7}$ 焦耳。

震级分别为 M_2 和 M_1 的地震所释放的能量 E_2 和 E_1 之比为:

$$\frac{E_2}{E_1} = \frac{10^{11.8 + 1.5M_2}}{10^{11.8 + 1.5M_1}} = 10^{1.5(M_2 - M_1)} \qquad (5\text{-}3)$$

震级每相差 1.0 级,能量相差大约 32 倍;每相差 2.0 级,能量相差约 1 000 倍。也就是说,一个 6 级地震相当于 32 个 5 级地震,而 1 个 7 级地震则相当于 1 000 个 5 级地震。

按照震级的大小一般将地震分为以下等级：

（1）超微震——震级小于里氏1级的地震。

（2）弱震或微震——震级大于等于里氏1级，小于里氏3级的地震。如果震源不是很浅，这种地震人们一般不易觉察。

（3）有感地震——震级大于等于里氏3级，小于里氏4.5级的地震。这个级别的地震人们能够感觉到，但一般不会造成破坏。

（4）中强震——震级大于等于里氏4.5级，小于里氏6级的地震。中强震属于可造成破坏的地震，但破坏程度还与震源深度、震中距等多种因素有关。

（5）强震——震级大于等于里氏6级，小于里氏7级的地震。

（6）大地震——震级大于等于里氏7级的地震。

（7）巨大地震——里氏8级及其以上的地震。

5.2　矿震震级的测定

由于矿震的以下特点使得矿震的震级和天然地震略有不同：

（1）矿震的发生机理不同于天然矿震，且矿震震源浅，造成的震中烈度高于同级天然地震烈度，使得里氏1～3级的微震也能在地面感觉到。

（2）矿震震级的大小与井下煤岩破坏程度无对应关系。

（3）影响区域小，信号衰减快。

（4）能量悬殊较大。从煤岩体微小破裂的10^{-5} J，到大尺度的煤岩体破坏的10^9 J，相当于里氏震级的$-6\sim5$级。阜新孙家湾矿难发生时，阜新市地震局监测到了矿震，震级为里氏2.5级；目前中国煤矿矿震的最大强度已达4.2级。

尽管如此，矿震仍然可以看作区域震或地方震处理。目前，矿震监测定位系统采用了近震震级、矩震级和持续时间震级三种地震震级标度进行矿震震级的测定。下面首先给出这三种标度的计算方法，再研究它们在系统中的应用。

5.2.1　近震震级 M_L

近震震级也叫地方性震级，是里克特根据古登堡（Beno Gutenberg）与和达清夫的建议于1935年提出的。在研究南加州浅源地方性地震时，里克特注意到这样一个事实：若将一个地震在各不同距离的台站上所产生的地震记录的最大振幅 A 的对数 $\lg A$ 与相应的震中距 Δ 作图，则不同大小的地震所给出的 $\lg A$—Δ 关系曲线都相似，并且是近似平行的。如图5-1所示，对于 A_0 与 A_1 两个地震，若设 $A_0(\Delta)$ 与 $A_1(\Delta)$ 分别是其产生的地震记录的最大振幅，则有 $\lg A_1(\Delta)-\lg A_0(\Delta)$ 的值是一个与 Δ 无关的常数。

若取 A_0 为一标准地震即参考事件的最大振幅，则任一地震的近震震级 M_L 可以定义为：

$$M_L = \lg A(\Delta) - \lg A_0(\Delta) \quad (\Delta \leqslant 600 \text{ km}) \tag{5-4}$$

式中，$A(\Delta)$ 是任一地震的最大振幅，为了能有可比性，$A(\Delta)$ 和 $A_0(\Delta)$ 必须在同一距离用同样的地震仪测得。

标准地震的选取原则上是任意的，但最好是能使一般的地震震级都是正值，因而 $A_0(\Delta)$ 不宜太大，里克特选取了前面提到的零级地震。这样以 μm 为测量单位时，则在 $\Delta=100$ km

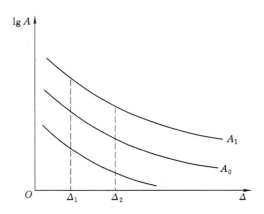

图 5-1 振幅对数与震中距的关系曲线

处,因 $\lg A_0(\Delta)=0$,所以 $M_L=\lg A(\Delta)$。于是,M_L 也可以定义为:用标准仪器在 $\Delta=100$ km 处所测得的最大记录振幅(以 μm 计)的常用对数。但是,通常震中距都不是在 100 km 处,为此令 $R(\Delta)=-\lg A_0(\Delta)$,并称 $R(\Delta)$ 为起算函数或量规函数。起算函数的实质就是对地震波在传播中引起的幅值衰减补偿,它使同一事件在不同距离上计算的震级相同。

目前近震震级有多种计算公式,本章采用式(5-5)所示的公式计算 M_L:

$$M_L = \lg (A_\mu) + R(\Delta) \tag{5-5}$$

式中 $A_\mu=[(A_N/V(T)_N+A_E/V(T)_E)]/2$,以 μm 为单位;

A_N,A_E——南北向和东西向 S(Lg)波的最大振幅(峰—峰值振幅/2);

$V(T)_N,V(T)_E$——为南北向和东西向相应周期的折合放大倍数,两水平向最大振幅
不一定同时到达,振幅大于干扰水平 2 倍以上才予以测定。

量规函数 $R(\Delta)$ 在不同文献中的给出值大致相近。但是在天然地震背景下,由于大多数的起算函数在 0~5 km 范围内是一个常数,这在震源深度较浅和影响范围较小的矿震震级的测定上遇到了困难。其实,所以震中距越小,监测台站愈靠近震源,补偿值越小,即起算函数越小。李学政等通过理论计算和爆炸地震波实际测量两种方法,确定了近场 0~5 km 范围内的震级起算函数。该起算函数(表 5-1)相对其他近场而言,对主要分布在 -0.5~1.0 级之间的爆炸余震序列事件的震级测定更科学,效果更好。这对与其在震源深度、影响范围和震级等方面十分相似的矿震来说,是具有指导性的。目前系统使用了该起算函数。

表 5-1　　　　　　　　　　　　　　　近场起算函数

震中距/km	0.50	1.00	1.50	2.00	2.50	3.00	3.50	4.00	4.50	5.00
$R(\Delta)_1$	1.80	1.80	1.80	1.80	1.80	1.80	1.80	1.80	1.80	1.80
$R(\Delta)_2$	1.03	1.20	1.32	1.40	1.48	1.54	1.59	1.64	1.68	1.72
$R(\Delta)_3$	0.82	1.20	1.41	1.59	1.69	1.79	1.87	1.94	2.01	2.06
$R(\Delta)_4$	0.93	1.20	1.49	1.64	1.75	1.84	1.92	1.99	2.04	2.10
$R(\Delta)_5$	0.48	0.78	1.03	1.21	1.36	1.47	1.57	1.66	1.73	1.80

注:$R(\Delta)_1$ 为《数字地震观测技术》起算函数原值;$R(\Delta)_2$ 为《地震台站观测规范》;$R(\Delta)_3$ 为严尊国等起算函数(中国东部);$R(\Delta)_4$ 为严尊国等起算函数(中国西部);$R(\Delta)_5$ 为李学政起算函数。

式(5-5)所示的近震震级的优点是不用最大振幅的周期参与运算,且有良好的近场起算函数;但是对于采用加速度传感器的监测定位系统来说,要想将加速度值应用于此公式就必须经过两次数值积分,这将会对震级计算结果有一定影响。近震震级在木城涧矿震监测定位系统中的应用见 5.2.4 节表 5-2。

5.2.2 矩震级 M_W

1979 年 Hanks 和 Kanamori 提出的矩震级标度 M_W 是一个绝对力学标度。矩震级标度 M_W 优于其他标度,是因为它有以下优点:

(1) 矩震级 M_W 有严格的物理意义。矩震级是根据发震断层的规模和滑动幅度值来计算的。断层规模和滑动幅度越大,说明震源体积越大,计算的矩震级也大。所以,矩震级 M_W 是表征震源体积的新的量值,是描述地震本身大小的最佳物理量。

(2) M_W 是建立在标量地震矩 M_0 基础上的绝对力学标度,不同机构的 M_W 测值差别 $A_{mn}X_n = B_m$ 极小,可以对各地进行的测量作一比较(比测)。

(3) M_0 反映了形变规模的大小,它正比于低频的位移谱强度,因此 M_W 是量度地震大小的最好的物理量。

(4) M_W 是绝对力学量,不存在饱和问题。无论是对大震还是小震、微震甚至极微震,无论是对浅震还是深震,均可测量地震矩。基本上不受观测条件(地震台基、震相名称、种类和仪器性能等)的局限,也不受传播途径的影响。

由于其独特优点,矩震级成为目前量度地震大小的最理想的物理量。矩震级标度得到越来越广泛的重视和应用。如果对公众只报一个震级的话,它是最好的候选者。

矩震级结合下面介绍的计算方法,使得许多微震可用台网监测到的加速度值,积分后得到速度和位移,独立快速地测定矩震级。这非常适合于矿震震级的测定。

陈培善和 Duda 根据地震发生的断裂力学破裂模式和震源谱理论,导出了震源处峰值加速度 a_P、峰值速度 v_P、峰值位移 d_P 与构造环境剪应力场 τ_0 及地震矩 M_0 的关系:

$$a_P \propto \tau_0^2 \tag{5-6}$$

$$v_P \propto \tau_0^{4/3} M_0^{1/3} \tag{5-7}$$

$$d_P \propto \tau_0^{2/3} M_0^{2/3} \tag{5-8}$$

由式(5-6)至式(5-8)容易导出:

$$d_P^2 / v_P = C_{d2v} M_0 \tag{5-9}$$

$$v_P^3 / a_P^2 = C_{v3a} M_0 \tag{5-10}$$

$$\sqrt{d_P^3 / a_P} = C_{d3a} M_0 \tag{5-11}$$

式中,C_{d2v}、C_{v3a}、C_{d3a} 均为常数,若能根据一批实际观测资料,确定 3 个常数,则可由式(5-9)至式(5-11)计算出地震矩 M_0,再根据矩震级 M_W 的定义:

$$M_W = \frac{2}{3} \lg M_0 - 6.033 \tag{5-12}$$

可计算出 M_W。式(5-12)中 M_0 的单位是 N·m。

下面常数 C_{d2v}、C_{v3a}、C_{d3a} 的值。需要由台站监测到的加速度数据,得到式(5-9)至式(5-11)中所用到的地震矩 M_0,震源处的峰值加速度 a_P、峰值速度 v_P 和峰值位移 d_P。

首先计算 M_0,对监测到的矿震加速度数据数值积分后求得台站处的峰值速度 v_s 和峰

值位移 d_a，进而求得位移谱并计算位移谱的高度 Ω_0，由 Ω_0 和 M_0 的关系式就可求得地震矩 M_0。将 M_0 代入式(5-12)求出相应矿震的矩震级，以备在衰减模式中应用。

根据台站测定的峰值加速度 a_s、速度 v_s 和位移 d_s 值，采用适合系统所在地区的衰减模式，得到震源处相应的 a_P、v_P、d_P 值。衰减模式的数学表达式为：

$$F(r,f) = \frac{1}{r^{0.7}} \exp\left(-\frac{\pi fr}{V_S Q}\right) \tag{5-13}$$

式中　r——震源距；

f——相应的优势频率，对于加速度 $f = f_a = 10^{-0.4M_W + 1.8}$，对于速度 $f = f_v = f_a/2.0$，对于位移 $f = f_d = f_v/2.24$；

V_S——S 波速度；

Q——介质品质因子，$Q = Q_0 f^\eta$，Q_0 为 $1H_z$ 时的 Q 值，取 $Q_0 = 300$，η 为 Q 对频率的依赖指数，取 $\eta = 0.2$。

等效均匀介质矿震波的几何扩散为 $\frac{1}{r}$，对北京地区，取 $\frac{1}{r}$ 则衰减太快，取 $\frac{1}{r^{0.7}}$ 较合适。这样，扣除等效均匀介质的几何扩散 $\frac{1}{r^{0.7}}$ 和介质吸收 $\exp\left(-\frac{\pi fr}{V_S Q}\right)$ 的影响以后，得到震源处相应的 a_P、v_P、d_P 值。

以计算 C_{v3a} 为例，在式(5-10)中，由 N 次矿震得到：

$$(v_P^3/a_P^2)_i = C_{v3a}(M_0)_i \quad (i = 1, 2, \cdots, N) \tag{5-14}$$

由 N 个方程相加后除以 N 即可得到常数 C_{v3a} 的值，这相当于求一个未知数的最小二乘过程。

3 个常数 C_{d2v}、C_{v3a}、C_{d3a} 的值确定之后，针对采用加速度传感器进行监测的矿震系统，就可以应用式(5-10)和式(5-12)，测定所发生矿震的矩震级 M_W。

5.2.3　续时间震级 M_D

Bisztricsany 于 1958 年提出利用地震波持续时间同地震震级的相关性来反映震源强度，这就是持续时间震级(Duration Magnitude)。持续时间震级有以下优点：

(1) 可以缩小各监测台站之间测定震级的误差；

(2) 计算简单，不依赖振幅、周期、频率特性等动力学参数；

(3) 在同等条件下，可提高震级的测定精度，且系统误差较小；

(4) 地震波持续时间的长短与震级大小直接相关，并反映台站附近的介质性质，而与震源区基本无关，不受地震波辐射方向性的影响；

(5) 由于持续时间震级对记录限幅的情况颇为有效，所以特别适用于地方性小型台网。

与前两种标度相比，持续时间震级虽避开了数值积分问题，避免了这方面的误差，但也存在明显不足。因为持续时间与事件强度的相关性明显低于波形幅值与事件强度的相关性，这也是持续时间震级至今仍未被广泛采用的主要原因之一。但是由于其以上优点，持续时间震级在矿震震级测定上还是有很大的应用价值的。

虽然振动持续时间的长短标志着地震的强弱，但由于仪器、台基、地区结构特性的差别而有不同的表现。因此，不能统一给出公式计算，各小型台网尚需要制定自己的持续时间震

级公式。经过许多人的实践证明,可设:

$$M_{\mathrm{D}} = a + b\lg \tau + c(\lg\tau)^2 + r(\Delta) \tag{5-15}$$

式中　τ——震动持续时间,s;

　　　$r(\Delta)$——震中距对持续时间的影响值;

　　　a,b,c——待定系数。

由于震中距小于 10 km 时对持续时间的影响较小,所以在矿震震级计算中可略去 $r(\Delta)$ 项;通常也可将二次项舍去,按一次函数进行拟合。则持续时间震级公式变为:

$$M_{\mathrm{D}} = a + b\lg \tau \tag{5-16}$$

对于持续时间的确定,许多文献给出了规定,总结起来主要有以下两类:

(1) 以 P 波初动开始,到尾波最后一个双振幅为 2 mm、5 mm、8 mm 或脉动水平为止的时间;

(2) 从 P 波初动到振动衰减到可与背景干扰相比拟时的时间。

上述规定是应用于纸质上的模拟信号的持续时间确定中,通常确定的持续时间很长,张群等为了缩短速报时间,而采用振幅衰减至 40 mm、20 mm 和 10 mm 的规定。尽管矿震波的持续时间相对较短,但为了系统自动化和便于程序实现的要求,以及发挥数字信号的优势,采用如下定义:将从 P 波初动到振动衰减至信号方差等于 2 倍背景噪声方差的时间作为持续时间 τ。

选取 N 个矿震,确定出它们的持续时间 τ_i 和近震震级 $(M_{\mathrm{L}})_i$($i=1,2,\cdots,N$),用 $(M_{\mathrm{L}})_i$ 代替式(5-16)中的 $(M_{\mathrm{D}})_i$,运用最小二乘法确定系数 a,b 的值,从而得到适合于该矿区的持续时间震级公式。

5.2.4　级标度在矿震震级测定中的应用

下面以北京昊华能源有限公司木城涧煤矿为例,介绍上述 3 种震级标度的应用。木城涧矿震监测定位系统监测到的数据是与震动加速度相关的电压值,要想应用于前两种震级计算中,必须经过数值转换。转换公式为:

$$a = \frac{U}{2^{k-1} \times \mathrm{plus}} \times \mathrm{ran} \times 9.8017 \tag{5-17}$$

式中　a——加速度,m/s²;

　　　U——与震动加速度相关的电压值;

　　　k——数据采集器的位数;

　　　plus——监测系统的增益;

　　　ran——传感器的量程;

　　　9.8017——北京地区的重力加速度值。

在确定最大振幅的过程中,寻找第一个最大波峰(谷)十分容易,但是在找与它相邻的最大波谷(峰)时将会遇到困难,这是因为波形在一个波峰—波谷(波谷—波峰)中不是单调递减(增)的,而是存在"抖动",如图 5-2 所示,2005 年 4 月 4 日 21:02:36 矿震东西向波形图 [图 5-2(a)]中最大波谷 A—波峰 B 过程中,存在的"抖动"见图 5-2(b)。即使滤波后也可能在某种程度上存在这种情况。

为解决这一问题,分别在最大波谷(峰)两侧找到其相邻的两个反号值区间(图 5-3 的

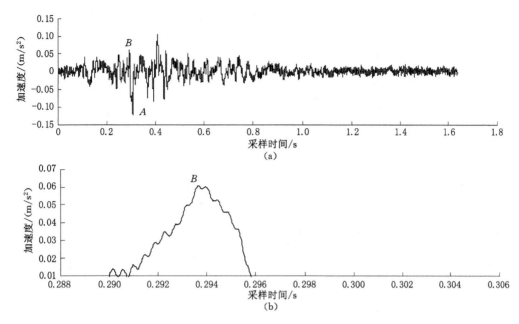

图 5-2 矿震波形图及其放大图

(a) 破震波形图；(b) 放大图

阴影部分)，在这两个区间找到极大(小)值 B，从而确定最大振幅。

在矿震中可能会出现最大振幅不与波形图中的最大波峰(谷)对应，而是与第二或第三大波峰(谷)对应。这种情况出现的可能性不大，但在编程中应该考虑，为此，我们依次取最大波峰(谷)、第二、三大波峰(谷)所对应的振幅，取其中最大者作为最大振幅。这里一个必须解决的问题是，在寻找下一个波峰(谷)时如何避开上一个波峰(谷)中比它大的值的干扰。在编程中我们采用数组重组的方法。在得到一个波峰(谷)所对应的振幅后，将这一区域归零，这就相当于在波形图中抹去了这一波峰(谷)及其相邻的反号区。接下来再重复寻找振幅的过程即可。

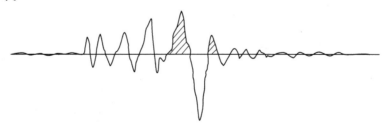

图 5-3 确定最大振幅原理图

由于持续时间震级公式中自变量是矿震信号的持续时间，所以既不需要进行数据转换，也不需要寻找最大振幅，而是结合定义直接对原始数据进行操作。

木城涧矿震监测定位系统应用近震震级计算时，利用梯形求积公式对加速度数据进行两次数值积分，得到位移值，取 $V(T)_N = V(T)_E = 1$，应用式(5-5)和表 5-1 计算震级，应用结果见表 5-2。

系统在应用矩震级计算时，北京地区的 C_{v3a} 数值取 $\lg(C_{v3a}) = -17.173$。选取与计算近震震级同样的矿震,应用式(5-10)和式(5-12)的计算结果见表5-2。

在持续时间震级计算中,通过 VB 语言编写的程序,找出信号的起始和截止点,从而计算出持续时间 τ。然后根据张少泉推出的北京地区持续时间震级公式 $M_D = -1.66 + 2.47 \lg \tau$ 算得作为参考标准的 M_D。

根据矩震级的计算方法编程并计算出 M_W,系统选取了表 5-2 中前 10 个矿震的 M_W 值代替式(5-16)中的 M_D,应用最小二乘法确定系数 $a=2.19,b=0.40$。将系数代回式(5-16)得到持续时间震级公式为:

$$M_d = 2.19 + 0.40 \lg \tau \tag{5-18}$$

用此公式计算的结果见表 5-2。

表 5-2 持续时间震级应用实例

序号	发震时刻	M_W	M_D	M_d	τ
1	2004-12-8 18:32:41	1.74	−5.66	1.55	0.20
2	2005-1-7 16:10:32	1.72	−5.88	1.51	0.18
3	2005-4-4 21:02:36	2.08	−4.14	1.79	0.37
4	2005-4-8 12:29:35	2.08	−2.82	2.00	0.62
5	2005-4-8 14:02:58	2.13	−3.94	1.82	0.40
6	2005-4-8 14:02:59	2.09	−2.13	2.11	0.83
7	2005-4-11 12:55:37	2.05	−2.68	2.03	0.66
8	2005-4-11 17:00:45	2.24	−0.58	2.36	1.55
9	2005-4-17 9:30:31	2.24	−1.75	2.18	0.97
10	2005-4-17 16:30:24	2.19	−2.34	2.08	0.76
11	2005-4-17 21:23:39	2.09	−0.72	2.34	1.46
12	2005-4-18 4:41:00	2.16	−3.68	1.87	0.44
13	2005-4-21 18:45:52	2.09	−1.00	2.29	1.30
14	2005-4-22 2:24:20	2.16	−2.06	2.12	0.85
15	2005-4-22 5:44:31	2.16	−3.48	1.90	0.48
16	2005-4-22 12:35:01	2.22	−2.54	2.05	0.70
17	2005-4-23 7:05:24	2.23	−2.91	1.99	0.60
18	2005-4-24 0:19:58	2.19	−2.55	2.05	0.70
19	2005-4-25 6:43:30	2.13	−3.69	1.86	0.44

为了提高误差计算的精度,震级都取小数点后两位数字。从表中可以看出,持续时间震级是用矩震级拟合的,M_d 和 M_D 在数值上相差很大,这表明需要建立与作为参考标准的震级公式之间的数值转换关系。经计算,建立了如下的转换关系式:

$$M_d = -11.03 + 11.93 M_D \tag{5-19}$$

在持续时间震级的计算中,如果能进一步减小持续时间的读取误差,可能会得到更为理想的结果。

下面列举一些系统计算震级的工作界面:

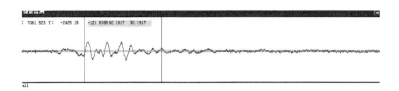

图 5-4　2005-4-8 12:29:35 的矿震信号

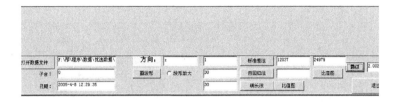

图 5-5　2005-4-8 14:02:59 的矿震信号

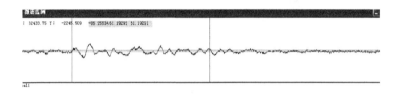

图 5-6　2005-4-11 12:55:37 的矿震信号

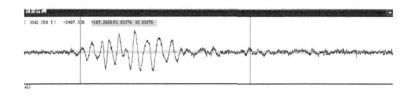

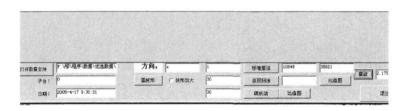

图 5-7 2005-4-17 9:30:31 的矿震信号

5.3 矿震预测

矿震事件具有不确定性,产生矿震的原因和影响因素不是十分清楚,因此如何预测矿震的发生时间、地点和大小是一个非常复杂的问题。对该问题的研究大多数采用定性的比较分析、综合评价方法和线性回归分析法等,预测模型有 GR 模型、分形模型、突变模型、模糊模型及灰色系统理论(GM)模型等。这些方法能大致确定各种因素的重要程度,但难以准确确定各影响因素对矿震规律的影响程度,预测误差较大,对于矿震预测理论和方法存在的问题,针对矿震事件具有不确定性,本书基于最大熵原理建立预测模型,以达到在煤矿开采过程中对矿震进行预测的目的。

1957 年 E. T. Jaynes 提出了信息最大熵原理。最大熵原理就是当分布函数的熵在满足约束条件的情况下取极大值时,其概率密度分布是偏差最小的无偏概率分布,因而最大熵原理是从不完整信息中获得有用信息的一种方法。即对系统状态进行推断的时候,只掌握了一部分的信息,根据所掌握的既有信息是无法得到任何其他的约束或者改变的任何原有的假设条件,针对这个情况,取一种合理状态,它要符合当前的限制条件,并且熵值取最大值,这就是最大信息熵原理。要构造一个通用的概率密度函数,必须有一个构造的标准。模型的构造过程可以认为是从数据中提取信息的过程,而信息来自两个部分:一是已知数据,二是由于数据不完全而不得不对未知部分所做的假定,这种假定相当于人为地"添加"了一些信息。因此构造的标准就是使所构造的模型,在数据不充分的情况下,既要与已知的数据相吻合又必须对未知的部分作最少的假定。熵是信息论中的一个基本概念,是用以度量信息源不确定性的量,所以熵可以用来度量矿震分布的不确定性,熵最大就意味着获得的总信息量最少,即所添加的信息最少。因此对于只有测量数据样本的情况,若没有充足的理由来选择某种解析分布函数时,可通过最大熵方法来确定最不带倾向性的总体分布形式。最大熵函数具有统一的解析表达式,比常用的分布函数具有更广的适应性。

本章结合兖州东滩煤矿实际,基于最大熵原理建立多尺度矿震统一预测模型,并进行了应用分析。

5.3.1 东滩煤矿试验区概况

东滩煤矿自 2001 年 6 月 1 日在 43 轨 3# 提发生一起矿震致人受伤事故以来,已多次发生矿震现象。2007 年 5 月 15 日,在 1303 运输巷实体煤巷道,发生了较严重的矿震事件,造成局部巷道整体顶板下沉 200～300 mm,部分锚索失效,损坏单体 11 棵,对矿井生产及人员安全造成了严重的威胁。有两个断层群对 1303 运顺矿震的发生具有重要影响。邻近工作面的断层群为 EF59 断层和 EF58 断层;另一断层群为 EF57 断层、EF32 断层、EF56 断层及 EF55 断层。这两个断层群切割煤岩层,并使断层间的地层明显上升,形成地垒构造(图 5-8)。由于断层皆为正断层,地垒构造沿断层向下逐渐变宽,地层向下运动没有约束,容易造成突然滑动而释放能量。

1305 工作面在运顺侧距切眼 157 m 赋存 FS8 断层($H=8.2$ m,$\angle 70°$),该断层与其邻近的两个小断层构成了地垒构造,如图 5-9 所示。判断 1305 工作面临近 FS8 断层时具有矿震危险,尤其是周期来压期间更应注意。在工作面邻近 EF93 断层($H=4.3$ m,$\angle 60°$),该断层与其邻近的 EF32 断层($H=10.8$ m,$\angle 42°～53°$)构成了地垒构造,如图 5-8 所示。判断 1305 工作面临近 EF93 断层时具有矿震危险,尤其是周期来压期间更应注意。1305 运顺其余地段煤岩层赋存比较稳定,预计没有矿震发生危险。随着采掘活动的开展,东滩煤矿深部采区的采场条件将进一步恶化,因此矿震问题将愈加复杂,深入开展矿震研究是实现安全生产的迫切要求。

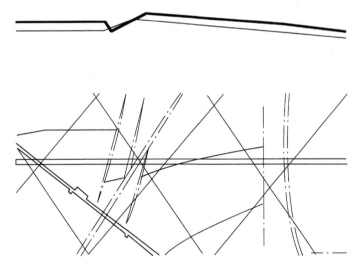

图 5-8 1303 工作面运顺地垒构造分布情况

1305 工作面自 2010 年 11 月 1 日开始进行采煤,自初采开始对矿震进行连续监测。并运用监测台站优化原理对监测台站进行了调整,在 12 月初对 4# 和 7# 测点进行了重新定位(图 5-10),4# 测点由原来的东轨 6# 联移动到 1306 运输巷,7# 测点由原来的东翼一回移动到 1305 运输巷联躲避硐(右侧),从后来的微震事件监测结果来看这次测点优化很大程度上提高了对 1305 工作面微震事件的监测准确性。

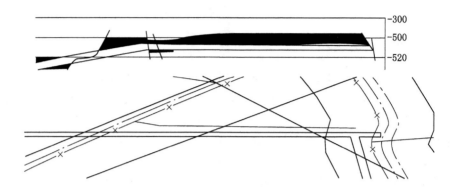

图 5-9 1305 工作面运顺 FS8 断层附近地垒构造分布情况

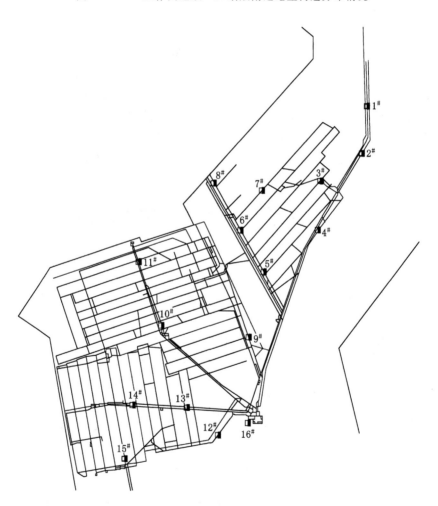

图 5-10 微震监测点布置图

目前震源主要集中在 1305 综放面、14304 综放面、4303 北综放面和 14310 综放面 4 个区域(图 5-11)。微震监测系统确定的震源点分布情况和井下采掘活动具有很好的对应关系,随工作面的采动而推移,随工作面采煤结束明显减弱。所以,微震监测系统可以很好地反映井下岩体的活动规律。

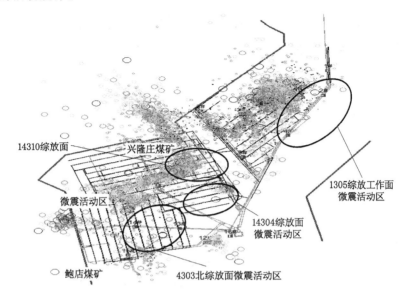

14310综放面 　兴隆庄煤矿

1305综放工作面微震活动区

微震活动区

14304综放面微震活动区

鲍店煤矿 　4303北综放面微震活动区

图 5-11 　全矿矿震分布图

5.3.2 最大熵原理建立震级概率分布统一预测模型

（1）最大熵建立震级分布模型

预测模型包括信息输入、处理模型和输出响应，由于矿震的发生类型、影响因数都不十分清楚，具有不确定性。对于处理不确定性的问题，最大熵理论是一种有效可行的方法。

最大熵原理提供了一个由不完整信息获得最小无偏概率分布的形式。对于连续型随机变量，微震级区间 (x_d, x_u) 之间的概率密度分布函数的信息熵由下式定义：

$$S(x) = -\int p(x) \ln p(x) dx \tag{5-20}$$

式中 　$S(x)$——随机变量 x 的熵；

$p(x)$——随机变量 x 的概率。

式（5-20）表征了下列两个方面的含义：如果已知信息出现的概率，就可以通过式（5-20）计算其熵值；可以把 $S(x)$ 看成分布概率 $p(x)$ 的泛函，当 $p(x)$ 发生变化时，$S(x)$ 也随着相应改变，因此通过熵 $S(x)$ 可以确定概率分布函数。

根据 Jaynes 提出的概率分布的统计推断准则：在根据部分信息进行推理时，必须选择熵最大的概率分配，这时能够做出的唯一的无偏分配。熵最大意味着对因为数据不足而进行的人为假定（人为添加信息）最少，从而所获得的解最合乎自然，偏差最小，因而是最客观的，这就是最大熵原理。根据最大熵原理求解不确定问题时，应在给定的条件下，在所有可能的概率分布中选择信息熵取得极大值的分布。

当数学期望值为 μ，标准差为 σ，要求密度函数 $p(x)$ 满足约束条件：

$$p(x) \geqslant 0 \tag{5-21}$$

$$\int p(x) dx = 1 \tag{5-22}$$

$$\int x^2 p(x) \mathrm{d}x = \sigma^2 \tag{5-23}$$

引入拉格朗日乘子法，建立拉格朗日函数方程，得到相应熵最大的概率分布。利用拉格朗日乘子方法，可以证明：

$$S(x) = -\int \left[p(x)\ln p(x) + \alpha p(x) + \beta x^2 p(x) \right] \mathrm{d}x \tag{5-24}$$

令其中的变分为零，信息熵取极大值：

$$\frac{\partial S(x)}{\partial p(x)} = -1 - \ln p(x) + \alpha + \beta x^2 = 0 \tag{5-25}$$

选取常数 α 和 β 使其满足约束条件，则得相应熵最大的概率分布：

$$p(x) = \frac{1}{\sqrt{2\pi}\,\sigma} \mathrm{e}^{-\frac{(x-\mu)^2}{2\sigma^2}} \tag{5-26}$$

式(5-26)即为正态分布。

当数学期望值为 μ，要求密度函数 $p(x)$ 满足约束条件：

$$p(x) \geqslant 0 \tag{5-27}$$

$$\int p(x) \mathrm{d}x = 1 \tag{5-28}$$

$$\int x p(x) \mathrm{d}x = \mu \tag{5-29}$$

则得到相应熵最大的概率分布为：

$$p(x) = \frac{1}{\mu} \mathrm{e}^{-\frac{x}{\mu}} \tag{5-30}$$

式(5-30)即为指数分布。

当变量出现于上限 b 和下限 a 之间，数学期望值为 μ，要求密度函数 $p(x)$ 满足约束条件：

$$p(x) \geqslant 0 \tag{5-31}$$

$$\int p(x) \mathrm{d}x = 1 \tag{5-32}$$

$$\int x p(x) \mathrm{d}x = \mu \tag{5-33}$$

则得相应熵最大的概率分布为：

$$p(x) = \frac{1}{b-a} \tag{5-34}$$

式(5-34)即为均匀分布。

在一定的震级区间内，微震的频度 N 和震级 M 之间服从的关系，如图 5-12 和图 5-13 所示。

(2) 信息熵与分布形式和标准差的关系

熵是随机变量的不确定性量度，方差是随机变量的离散程度量度。

设 $p(x)$、μ 和 σ 分别表示震级 M 的密度函数、期望和方差，$x^* = \dfrac{x-\mu}{\sigma}$ 是震级 x 的标准化随机变量，x^* 的标准化密度函数 $P_{x^*}(x) = \sigma P(\sigma x + \mu)$，$x^*$ 的标准化熵 $S(x^*)$：

$$S(x^*) = -\int P_{x^*}(x)\ln P_{x^*}(x)\mathrm{d}x = -\int \sigma P(\sigma x + \mu)\ln \sigma P(\sigma x + \mu)\mathrm{d}x \tag{5-35}$$

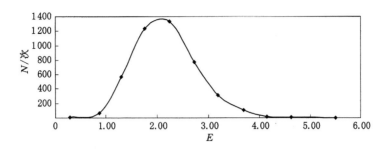

图 5-12　矿震次数 N 随能量 E 统计分布图

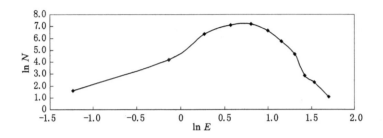

图 5-13　矿震次数对数 $\ln N$ 随能量对数 $\ln E$ 统计分布图

$$\sigma x + \mu = t \tag{5-36}$$

$$S(x^*) = -\int \sigma P(t) \ln \sigma P(t) \frac{1}{\sigma} \mathrm{d}t = S(x) - \ln \sigma \tag{5-37}$$

$$S(x) = S(x^*) + \ln \sigma \tag{5-38}$$

　　震级 M 的熵与概率分布类型和标准差关系的研究揭示了震级 M 的熵与概率分布类型和标准差本质(图 5-14)。震级 M 的熵等于标准熵加标准差的对数,熵随概率分布均匀程度的提高而增大,熵随标准差的提高而增大。即均匀程度高是有序的,标准差小是有序的,反之则无序。

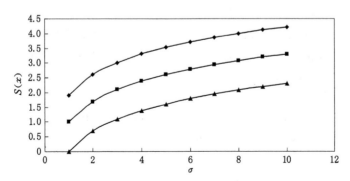

图 5-14　信息熵 $S(x)$ 随标准差 σ 变化曲线

正态型、指数型和均匀型的概率分布函数为

$$P(x) = \frac{1}{\sqrt{2\pi}\sigma} \mathrm{e}^{-\frac{(x-\mu)^2}{2\sigma^2}} \tag{5-39}$$

$$P(x) = \begin{cases} \dfrac{1}{\mu} e^{-\frac{x}{\mu}} & (x > 0) \\ 0 & (x \leqslant 0) \end{cases} \tag{5-40}$$

$$P(x) = \begin{cases} \dfrac{1}{b-a} & (a \leqslant x \leqslant b) \\ 0 & (其他) \end{cases} \tag{5-41}$$

正态型、指数型和均匀型的标准化熵:

$$S(x^*) = \ln \sqrt{2\pi e} \tag{5-42}$$

$$S(x^*) = 1 \tag{5-43}$$

$$S(x^*) = 0 \tag{5-44}$$

正态型、指数型和均匀型的熵分别为:

$$S(x) = S(x^*) + \ln \sigma = \ln \sqrt{2\pi e} + \ln \sigma \tag{5-45}$$

$$S(x) = S(x^*) + \ln \sigma = 1 + \ln \mu \tag{5-46}$$

$$S(x) = S(x^*) + \ln \sigma = 0 + \ln (b-a) \tag{5-47}$$

(3) 矿震预测方法的相同点与不同点

① b 值的研究及在地震预测的应用

$\lg N = a - bM$ 这个著名公式一直被公认为震级与频度关系的准确描述,所以在地震预报的研究中,通常都会以 b 值作为重要的地震活动性参数。

近 50 年里,关于上述公式的意义和对 b 值的讨论,众多学者一直在尝试,通过理论、实验和实践等多种途径揭示了 b 值的物理本质,为其在地震预报中的应用建立了可靠的科学依据。

此外,也有学者把 b 值与分维联系起来,用 b 值的分维性来解释其物理意义。Aki,King 和 Turcotte 等分别由一定的前提条件得到 T 断层结构的分形维数 $D = 2b$,通过地震能量关系导出地震能量的容量维 $D = b/1.5$。国内外的地震学家之所以对 b 值如此重视,主要是因为它的实用意义。大量的实验和实际震例表明,在岩石破裂或大地震前,b 值均有明显的变化,因此在国内外地震预报研究中得到广泛的应用。

总之,人们对 b 值做了大量研究工作并得到了一些有意义的结果,但在有关 b 值本质的认识上仍存在分歧。值的物理本质是非常复杂的,仍是一个有待于探讨的问题。同样,在地震预报的实践中,人们发现 b 值的前兆显示也是多样性的。如震前 b 值降低或升高或无异常,有异常显示而无地震发生等。

在以往的众多研究中,关于 b 值统计方法本身以及与计算 b 值有关的震级范围、震级间隔和样本数选取等这些具体而又至关重要的问题,还很少进行细致的研究。往往人为的规定代替从而忽视了实际地震序列中存在的震级—频度分布的客观性,因此出现同一时空范围内统计 b 值而给出很大差别的结果是自然的。

显然,所谓 b 值只对于震级—频度分布中峰值震级右侧一定的震级范围才是有意义的。通过大量的地震资料进行统计分析,发现 b 值结果的稳定性及其可靠性主要取决于统计方法、震级范围和样本数的大小。此外,震级的分档区间等也有一定的影响。

因此,我们采用熵原理对矿震进行预测,能有从本质上克服应用 b 值对地震和矿震进行预测的不确定性,但这一理论又同时将 b 值包含在其中。

② 应用熵原理对矿震预测的可行性

假设 $P(M)$ 是微震级区间 (M_0, M_u) 之间的概率密度分布函数，最大熵原理提供了一个由不完整信息获得最小无偏概率分布的形式程序。最大熵原理要求：

$$S = -\int_{M_0}^{M_u} P(M) \ln P(M) \, \mathrm{d}M \tag{5-48}$$

达到最大，并受到以下两个约束：

$$\int_{M_0}^{M_u} P(M) \, \mathrm{d}M = 1 \tag{5-49}$$

$$\int_{M_0}^{M_u} M P(M) \, \mathrm{d}M = \bar{M} \tag{5-50}$$

利用拉格朗日乘子方法，可以证明：

$$P(M) = \frac{\lambda e^{-\lambda M}}{e^{-\lambda M_0} - e^{-\lambda M_u}} \tag{5-51}$$

$$M_0 \leqslant M \leqslant M_u \tag{5-52}$$

参数 β 可由下式确定：

$$\frac{1}{\beta} + \frac{M_0 e^{-\beta M_0} - M_u e^{-\beta M_u}}{e^{-\beta M_0} - e^{-\beta M_u}} = \bar{M} \tag{5-53}$$

对 β 用数值方法求解式(5-53)，并且把 β 的值代入式(5-52)，就得到 M 的最小无偏概率密度分布。这种分布是与 M_0、M_u 以及 $\bar{M}$ 的可利用信息一致的。

设 N 表示震级大于等于 M 的地震数，则：

$$N = T \int_M^{M_u} P(M) \, \mathrm{d}M = T \frac{e^{-\lambda M} - e^{-\lambda M_u}}{e^{-\lambda M_0} - e^{-\lambda M_u}} \tag{5-54}$$

这里 T 是 $M \geqslant M_0$ 的地震总数，并且 $P(M)$ 由式(5-52)给出。

震级小于等于 M 的累积分布函数 $F(M)$ 为：

$$F(M) = 1 - \frac{N}{T} = \frac{e^{-\lambda M_0} - e^{-\lambda M}}{e^{-\lambda M_0} - e^{-\lambda M_u}} = \frac{1 - e^{-\lambda(M - M_0)}}{1 - e^{-\lambda(M_u - M_0)}}$$

如果震级上限 $M_u \to \infty$ 并且震级下限 $M_0 \to 0$，则式(5-52)简化为一个简单的指数分布 $P(M) = \lambda e^{-\lambda M}$，式(5-54)简化为：

$$N = T e^{-\lambda M} \tag{5-55}$$

③ 分形方法

$$\ln N = C - D \ln E$$
$$N = e^C d e^{-D \ln E} \tag{5-56}$$

式中 C、D——待定常数，D 为分形维数。

(4) G—R 方法

$$\ln N = a - bM$$
$$N = e^{a - bM} \tag{5-57}$$

式中 a、b——待定常数。

熵理论：

$$\ln N = \mu - \alpha M$$
$$N = T e^{-\alpha M} \tag{5-58}$$

古登堡和李克特公式与分形维数公式可由用震级—频度分布的最大熵原理公式导出，

$$b=D=\alpha=\frac{1}{M}\ ,a=C=\mu=\ln\ T。$$

自然界中的分形维数 D 与理想的分形模型不同，它的自相似性只在有限的尺寸范围内和统计意义上成立，矿震中的分形结构，它的自相似性同样只在有限的尺寸范围内和统计意义上成立。

据研究，矿震频度 N 与地震震级 M 之间有古登堡—李斯特（G—R）公式的 b 值可以反映区域矿震变化的特征，如果能掌握某区域内 b 值的变化规律，就可以对即将发生的矿震进行一定的预测预报。b 值统计分析预报矿震方法也只在有限的尺寸范围内和统计意义上成立。上下尺寸界限，特别是下界，对分析结果有很大影响。震级—频度分布的最大熵原理公式也只在有限的尺寸范围内和统计意义上成立。上下尺寸界限，特别是下界，对分析结果有很大影响。

由于微震的震级—频度分布是随时间、空间、岩体属性、影响因素的不同而变化，所以常规分布模型（指数、正态、韦伯等分布）与实际都有很大差距，要构造一个通用的概率密度函数。如图 5-15 所示。

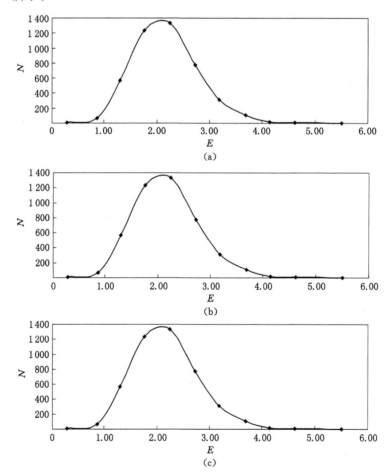

图 5-15　不同时间段矿震次数 N 随能量 E 统计分布图

通过上述分析可见，应用最大熵原理对矿震进行预测是可行的，而且在一定程度上优越于应用 b 值理论和分形理论。

5.3.3　最大信息熵统一预测模型建立

利用样本信息的一种简便方法是计算样本的各阶矩。下面对连续型随机变量的最大熵方法作一详细阐述：

$$S(x) = -\int_R p(x) \ln p(x) \mathrm{d}x \tag{5-59}$$

$$p(x) \geqslant 0 \tag{5-60}$$

$$\int_R p(x) \mathrm{d}x = 1 \tag{5-61}$$

$$\int_R x^i p(x) \mathrm{d}x = \overline{M^i} \quad (i = 1, 2, \cdots) \tag{5-62}$$

式中　$S(x)$——信息熵 $p(x)$ 为矿震震级的概率密度函数；

M——所用矩的阶数；

$\overline{M^i}$——第 i 阶原点矩；

x^i——其值可用样本确定；

R——积分区间。

通过调整 $p(x)$，使其熵达到最大，设 $\overline{S}(x)$ 为拉格朗日函数，λ_0、$\lambda_1, \cdots, \lambda_m$ 为拉格朗日乘子，则：

$$\overline{S}(x) = S(x) + (\lambda_0 + 1)\left[\int_R p(x)\mathrm{d}x - 1\right] + \sum_{i=1}^{m}\left(\int_R x^i p(x)\mathrm{d}x - m^i\right) \tag{5-63}$$

令 $\dfrac{\partial \overline{S}(x)}{\partial p(x)} = 0$，得：

$$-\int_R [\ln p(x) + 1]\mathrm{d}x + (\lambda_0 + 1)\int_R \mathrm{d}x + \sum_{i=1}^{m}\lambda_i\left(\int_R x^i \mathrm{d}x\right) = 0 \tag{5-64}$$

从式（5-64）可以解得：

$$p(x) = \exp\left(\lambda_0 + \sum_{i=1}^{m}\lambda_i x^i\right) \tag{5-65}$$

式（5-65）就是最大熵原理推出的矿震震级概率密度函数解析式。从式（5-65）可以看出最大熵概率分布与正态分布、指数分布、伽马分布、瑞利分布及韦伯分布等有一个共同的特点，即都含有测量因子的指数函数，但最大熵方法构造的模型其指数幂是多项式，而其他的分布函数的指数幂是一维连续函数空间中的一个元素，根据函数逼近理论，定义在某个区间的连续函数（这里指指数部分的幂函数）都可用多项式去逼近，由于最大熵函数的幂是多项式，因此它比其他分布函数具有更广的适应性。用函数逼近理论对式（5-65）再做如下推导：

$$\left(a_0 + \sum_{1}^{m} a_i x^i\right) + o(x) = \exp\left[(\lambda_0 - c_0) + \sum_{1}^{m}(\lambda_i - c_i)x^i\right] \tag{5-66}$$

$$\exp\left(\lambda_0 + \sum_{1}^{m}\lambda_i x^i\right) \approx \left(a_0 - \sum_{1}^{m} a_i x^i\right)\exp\left[c_0 + \sum_{i}^{m}(c_i x^i)\right] \tag{5-67}$$

5.3.4　矿震预测结果及分析

按照熵理论,从微观意义上讲,熵是无序性和混乱程度的量度,系统越不平衡,系统越有序,熵越小,反之熵越大,平衡态熵是最大的。而对于矿震来说,矿震发生后进入稳定期,系统是最无序的,是平衡态,熵应该是最大的。也就是说,熵增大时危险已经过去,熵减小时是危险的前奏,所以可以用熵减小作为矿震发生提前预测的依据。

以工作面附近一定密集区域(工作面长度 200 m,工作面前 50 m,后 50 m),半个月为一个计算时间滑动段,计算出一个系统矿震信息熵,为了清除不同时间系统状态之间差异对系统矿震信息熵的影响,在计算矿震信息熵时采用离散相对信息熵,即:

$$S = S(x)/\ln n = \frac{-\sum_{i=1}^{n} p(x_i)\ln p(x_i)}{\ln n} \tag{5-68}$$

式中　n——震级级别总数,各震级出现的概率相等时概率为 $1/n$,$\ln n$ 是熵的最大值。

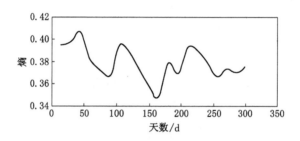

图 5-16　矿震信息熵随时间的变化曲线

图 5-16 是根据实测数据得出的矿震信息熵。由图 5-16 可见,信息熵在不同的测量时间是不同的,图中有 3 处明显的熵减小,分别对应于 75~90 d,150~165 d 和 240~255 d 这 3 个时间段,而这几个时间段都是开采遇到断层序列的位置,也就是断层位置易发生矿震。而在最初的开切眼位置熵减小并不是非常明显,这是由于刚开始的时候开采速度较慢,影响较小,熵的变化也较小。由此可推测,可以利用熵理论来预测矿震的发生,熵减小时矿震容易发生。

5.3.5　基于自由面因子的爆破振速衰减公式优化

以田桓铁路大前石岭隧道爆破实验为依托,采用多通道超高频微震监测仪监测爆破震动波峰值振速。振动监测爆破共分为 5 次,分别选择不同的爆破炸药量以及自由面面积,具体参数设定见表 5-3。监测点设置在隧道内部右侧,随着爆破掘进监测点爆源距随之增大。第 3 次爆破时增加爆破避车洞。通过上述实验,为不同地质条件下峰值振速的预测提供数据基础。

表 5-3 监测点数据

一次爆破	监测点	1-1	1-2	1-3	1-4	1-5	1-6	炸药量/kg	自由面面积/m²
	爆源距/m	32	45	58	79	95	120	160	51.0
	峰值振/(cm/s)	6.06	3.76	2.64	1.71	1.32	0.95		
二次爆破	监测点	2-1	2-2	2-3	2-4	2-5	2-6	炸药量/kg	自由面面积/m²
	爆源距/m	38	51	64	85	101	126	162	52.2
	峰值振/(cm/s)	4.75	3.14	2.29	1.54	1.21	0.89		
三次爆破	监测点	3-1	3-2	3-3	3-4	3-5	3-6	炸药量/kg	自由面面积/m²
	爆源距/m	41	54	67	—	104	129	170	58.2
	峰值振/(cm/s)	4.18	2.84	2.10	—	1.14	0.84		
四次爆破	监测点	4-1	4-2	4-3	4-4	4-5	4-6	炸药量/kg	自由面面积/m²
	爆源距/m	59	72	85	—	122	147	180	54.4
	峰值振/(cm/s)	2.65	2.00	1.59	—	0.96	0.74		
五次爆破	监测点	5-1	5-2	5-3	5-4	5-5	5-6	炸药量/kg	自由面面积/m²
	爆源距/m	62	75	88	—	125	150	178	54.0
	峰值振/(cm/s)	2.47	1.89	1.51	—	0.92	0.72		

基于自由面面积对爆破振速公式进行修正,建立了考虑自由面面积的峰值振速改进公式。

运用现场实验监测数据,以及 MATLAB 软件对信号进行小波降噪后得到不同监测点的峰值振速。

根据爆破振动衰减公式以及改进公式,苏联的萨道夫斯基提出爆破振动最大振速经验公式:

$$V = K \left(\frac{Q^{\frac{1}{3}}}{R} \right)^{\alpha}$$

式中　V——爆破峰值振速,cm/s;

　　　Q——炸药量,kg;

　　　R——距爆源距离,m;

　　　K,α——场地系数。

多孔同时起爆时的改进公式为:

$$V = k \frac{p_0}{\alpha c_p} (b/R)^{\alpha}$$

式中　k——多个炮眼一同引发爆炸条件下的改善系数,主要与炮眼数量、炮眼与起爆眼的相对位置关系等有关。

在传统的萨道夫公式中添加自由面 S 及面积指数 β,改进后得到式:

$$V = K \left(\frac{Q^{\frac{1}{3}}}{R} \right)^{\alpha} S^{\beta}$$

多孔同时起爆时的改进公式为:

$$V = k \frac{p_0}{\alpha c_p} (b/R)^{\alpha} S^{\beta}$$

式中　　S——自由面面积；

　　　　β——面积指数。

运用上述公式预测不同距离质点峰值振速,验证爆破振动衰减改进公式的可靠性与有效性。采用 1stOpt(First Optimization)软件对模型振动数据进行拟合,通过前 4 次爆破振动数据对不同爆破峰值振速公式进行拟合,得到爆破场地衰减系数。对第 5 次爆破振动峰值振速预测以及与试验结果误差对比和分析,得到引入自由面因子的计算公式较之原公式更加贴合实际。

5.4　本章小结

根据矿震不同于地震的特点,应用近震震级、矩震级和持续时间震级三种标度测定矿震的震级大小,得出以下结论:

近震震级是应用极广的一种标度。本章公式无需最大振幅对应周期参与运算,减小了程序实现的难度;本章采用的矩震级标度,使用了陈培善提出的利用加速度测定矩震级的公式。本章拟合了木城涧矿区的持续时间震级公式,并对近震震级和持续时间震级的结果进行了分析,结果表明拟合的持续时间震级公式适用于该矿区的矿震震级计算。

在矿震预测方面:矿震发生模型、影响因素、前兆信息和分布模型具有不确定性;GR 的 b 值和分维的维数 D 是信息熵模型的指数分布形式,对于矿震事件的描述有缺陷:信息丢失、反映灵敏度低、预报延迟性严重。具有尺度的局限性;矿震属于微震级别,用大事件进行预测丢失大量信息量,预测的可信度大大降低;通过最大熵理论推导信息熵预测矿震的统一预测模型,现场实例验证精度高,优点多,是一种可行的矿震预测分析方法。

基于自由面面积对爆破振速公式进行修正,建立了考虑自由面面积的峰值振速改进公式。以田桓铁路大前石岭隧道爆破实验为依托,采用超高频微震监测仪进行爆破信号监测,通过数字声学测速仪测定大前石岭隧道围岩波速。建立了考虑自由面面积的峰值振速改进公式,预测距震源不同距离的质点峰值振速,并验证了爆破振动衰减改进公式的可靠性与有效性。

参 考 文 献

[1] 蔡润.模糊评价方法在地震预报中的应用[D].兰州:中国地震局兰州地震研究所,2018.

[2] 蔡武,窦林名,李振雷,等.矿震震动波速度层析成像评估冲击危险的验证[J].地球物理学报,2016,59(1):252-262.

[3] 蔡杏辉.福建数字地震台网永春台测定地震震级分析及其台基校正值计算[J].福建地震,2003,19(1):28-30.

[4] 曹安业,王常彬,窦林名,等.临近断层孤岛面开采动力显现机理与震动波CT动态预警[J].采矿与安全工程学报,2017,34(3):411-417.

[5] 曹茂森,Length分形维算法拾取地震波初至[J].石油勘探物理,2004,39(4):509-514.

[6] 陈才贤,苏静,刘振江.深井上、下山煤柱区巷道围岩响应特征数值模拟及其微震监测[J].煤炭技术,2016,35(3):55-58.

[7] 陈成沟,邢成起,胡乐银,等.北京及其邻区小震重定位与活动构造分析[J].地震,2017,37(3):84-94.

[8] 陈绯雯.福建数字地震台网测定台湾地震的震级问题[J].福建地震,2001,17(4):20-25.

[9] 陈光辉,李夕兵,ZHANG PING,等.基于震源机制的断层滑移型岩爆岩体震动响应研究[J].中国安全科学学报,2016,26(11):121-126.

[10] 陈国富.施工隧道岩爆风险安全预警[J].施工技术,2015,44(S2):341-345.

[11] 陈培善,白彤霞,成瑾.利用加速度或速度记录快速测定矩震级的一种新方法[J].地球物理学报,1998,41(S1):290-297.

[12] 陈学华,吕鹏飞,阮航.地垒构造区域内工作面矿震发生规律研究[J].煤炭科学技术,2017,45(6):95-99,104.

[13] 陈运泰,刘瑞丰.地震的震级[J].地震地磁观测与研究,2004,25(6):1-12.

[14] 陈祖墀.偏微分方程[M].北京:高等教育出版社,2008.

[15] 成功,陈亮,王锡勇,等.深井岩爆微震监测预警与防治成套技术研究[J].地下空间与工程学报,2017,13(S1):285-293.

[16] 池越,丁木,周亚同,等.地震信号的Landweber迭代傅立叶快速重建[J].煤炭学报,2018,43(9):2562-2569.

[17] 池越,赵文静,周亚同.快速PGPD去噪算法研究[J].铁道学报,2018,40(10):88-94.

[18] 迟振才,迟天峰.两种震级标度讨论[J].东北地震研究,2000,16(4):9-15.

[19] 褚冬攀,吴帮标,王奇智.双江口水电站深埋地下隧洞微震活动的特征分析[J].科学技术与工程,2018,18(28):151-155.

[20] 戴绘,朱永国,陈辉.猴子岩水电站水库地震监测系统建设与运行[J].四川水力发电,2018,37(5):96-98,102.

[21] 丁红旗,李国臻,贾宝新.微震振源激振模型及振动周期与震级的关系[J].辽宁工程技术大学学报:自然科学版,2009,28(3):352-354.

[22] 丁红旗,李国臻,贾宝新.微震振源激振模型及震级计算公式的建立[J].科学与技术工程,2009,9(14):4130-4133.

[23] 杜涛涛.矿震震动传播与响应规律[J].岩土工程学报,2018,40(3):418-425.

[24] 杜学领,王涛.冲击地压、岩爆与矿震的内涵及使用范围研究[J].煤炭与化工,2017,40(3):1-4.

[25] 付士根,张兴凯,李红辉.超深竖井掘进岩爆特征及防治措施[J].中国安全生产科学技术,2016,12(12):48-52.

[26] 傅莺,龙锋,王世元.川滇菱形块体东边界地震精定位[J].中国地震,2018,34(1):60-70.

[27] 高运龙.关于 b 值估计方法的讨论[M]//国家地震局科技监测司.地震监测与预报方法清理成果汇编测震学分册.北京:地震出版社,1989,243-248.

[28] 耿荣生,沈功田,刘时风.声发射信号处理和分析技术[J].无损检测,2002(1):23-28.

[29] 管勇,吴朋,马付红.地震台站空隙角对地震定位精度的影响[J].地震地磁观测与研究,2017,38(3):53-59.

[30] 郭飚,刘启元,陈九辉,等.首都圈数字地震台网的微震定位实验[J].地震地质,2002,24(3):453-460.

[31] 郭超,高永涛,吴顺川,等.基于三维 FSM 算法与到时差数据库技术的层状介质震源定位方法研究[J/OL].岩土力学:1-10[2019-01-02]. https://doi.org/10.16285/j.rsm.2017.2408.

[32] 郭朴.地面微地震事件的反演定位研究[D].西安:西安石油大学,2017.

[33] 韩亮,李红江,辛崇伟,等.深孔台阶爆破近区振动强度分布的模拟研究[J].煤炭学报,2018,43(S1):71-78.

[34] 韩渭宾,等.四川几个地震带(区)的 b 值变化与地震预报[M]//国家地震局科技监测司.地震监测与预报方法清理成果汇编测震学分册.北京:地震出版社,1989:234-242.

[35] 洪时中.分维与地震科学[J].科学,1990,42(2):104-108.

[36] 胡泉光,陈方明,宁光忠.CW-TOPSIS岩爆评判模型及应用[J].山东大学学报(工学版),2017,47(2):20-25.

[37] 胡新亮,马胜利,高景春,等.相对定位方法在非完整岩体声发射定位中的应用[J].岩石力学与工程学报,2004,23(2):277-283.

[38] 黄德瑜,等.震级序列的前兆研究[M]//国家地震局科技监测司.地震预报方法实用化研究文集地震学专辑.北京:学术书刊出版社,1989:173-182.

[39] 黄玮琼. b 值统计中的影响因素及危险性分析中 b 值的选取[J]. 地震学报,1989, 11(4):351-360.

[40] 黄昱丞,郑晓东,栾奕,等. 地震信号线性与非线性时频分析方法对比[J]. 石油地 球物理勘探,2018,53(5):975-989,882.

[41] 纪晓雨. 基于测边网原理的矿区微震参数反演[D]. 青岛:山东科技大学,2017.

[42] 贾宝新,贾志波,赵培,等. 基于高密度台阵的小尺度区域微震定位研究[J]. 岩土 工程学报,2017,39(4):705-712.

[43] 江文武,苏振豪,陈祥祥,等. 基于微震监测的岩体稳定性预测模型[J]. 矿业研究 与开发,2016,36(11):41-44.

[44] 江文武,苏振豪,陈祥祥,等. 基于微震监测的岩体稳定性预测模型[J]. 矿业研究 与开发,2016,36(11):41-44.

[45] 蒋海昆,刁守中. 一个具有分形结构的地震活动性模型及分形维数 D 与 b 值之间 关系的初步讨论[J]. 地震学报,1995,17(4):524-527.

[46] 蒋星达. 微地震井中监测速度模型校正方法和资料解释[D]. 合肥:中国科学技术 大学,2017.

[47] 亢雨婕. 隧道微震分布式直观警示系统开发与工程应用[D]. 重庆:重庆交通大 学,2018.

[48] 李保林. 煤矿微震与爆破信号特征提取及识别研究[D]. 徐州:中国矿业大 学,2016.

[49] 李博文,王德利,周进举,等. 地震干涉技术的三维震源定位方法[J]. 地球物理学 进展,2017,32(6):2460-2465.

[50] 李丹宁,高洋,朱慧宇,等. 2014 年云南景谷 M_S 6.6 地震序列双差定位及震源机 制解特征研究[J]. 地震研究,2017,40(3):465-473.

[51] 李二海,王桂峰,邵学峰. 冲击矿压发生机制及矿震规律分析[J]. 煤炭工程,2015, 47(11):60-62,66.

[52] 李鸿杰. 我国西南地区地震预警快速震级估计参数及模型研究[D]. 重庆:西南交 通大学,2018.

[53] 李嘉杭,韩立国,毛博,等. 基于希尔伯特变换的改进地震信号谱重排[J]. 科学技 术与工程,2018,18(26):39-44.

[54] 李楠,王恩元,GE MAO-CHEN. 微震监测技术及其在煤矿的应用现状与展望 [J]. 煤炭学报,2017,42(S1):83-96.

[55] 李全林. 地震频度—震级关系的时空扫描[M]. 北京:地震出版社,1979.

[56] 李铁,孙学会,吕毓国,等. 强矿震临界破裂阶段的岩体弹性波场[J]. 煤炭学报, 2011,36(5):747-751.

[57] 李文健. 微震监测技术在冲击地压矿井的应用[J]. 中国地质灾害与防治学报, 2015,26(4):116-120.

[58] 李孝波,王联合,付田田,等. 煤柱宽度变化区微震监测冲击矿压前兆信息分析 [J]. 煤矿安全,2015,46(2):179-181.

[59] 李孝波,王联合,付田田,等. 煤柱宽度变化区微震监测冲击矿压前兆信息分析

[J].煤矿安全,2015,46(2):179-181.

[60] 李孝波.煤柱宽度变化区微震监测冲击矿压前兆信息分析[C]//中国煤炭学会等.第十届全国采矿学术会议论文集——专题二:安全技术及工程.北京:[出版者不详],2015.

[61] 李元辉,刘建坡,赵兴东,等.岩石破裂过程中的声发射 b 值及分形特征研究[J].岩土力学,2009,30(9):2559-2564.

[62] 李贞良.岩石破裂微震与爆破振动信号时频特征提取及识别方法[D].青岛:山东科技大学,2017.

[63] 廖志和.单台地震目录在研究四川地震活动异常中的应用[M]//国家地展局科技监测司.地展监测与预报方法清理成果汇编测震学分册.北京:地震出版社,1989:315- 319.

[64] 刘兵.区域地(矿)震监测数据的统计分析与声发射模拟实验研究[D].济南:山东大学,2017.

[65] 刘海顺,井广成,谢龙,等.微震信号随能量的变化特征——以张小楼井为例[J].采矿与安全工程学报,2018,35(2):316-323.

[66] 刘辉.双层厚硬火成岩下采动诱发矿震规律[J].现代矿业,2017,33(3):221-224.

[67] 刘江峰.甘肃及邻区 b 值与中强展的关系研究[J].西北地展学报,1991,13(2):29-38.

[68] 刘希强,周蕙兰.用于三分向记录震相识别的小波变换方法[J].地震学报,2000(3):125-131.

[69] 刘玉兴.通化地震台 MD 震级公式的研究[J].东北地震研究,1996,12(3):73-76.

[70] 卢文韬.岩石声发射实验的衰减排噪法[J].岩石力学与工程学报,1995,4(2):187-192.

[71] 鲁杰,张磊.坚硬覆岩条件下矿震诱发冲击地压机制与防治技术[J].煤矿安全,2018,49(8):165-168.

[72] 陆振飞,郑建华,黄才中,等.江苏台网尾波持续时间震级的初步研究[J].地震学刊,1995(3):20-24.

[73] 吕鹏飞,陈学华,周年韬.高位硬厚岩层影响下矿震发生规律及预测[J].安全与环境学报,2018,18(1):95-100.

[74] 罗红梅,宋维琪,邢漪冉,等.基于改进经验模态分解的地震弱信号增强处理方法[J].地球物理学进展,2019(1):167-173.

[75] 罗红梅,王长江,刘书会,等.深度域高精度井震动态匹配方法[J].石油地球物理勘探,2018,53(5):882,997-1005.

[76] 马春驰.深埋隧道围岩脆性破裂的微震监测及岩爆解译与预警研究[D].成都:成都理工大学,2017.

[77] 马洪庆.华北地区几次大震前的 b 值异常变化[J].地球物理学报,1978,21(2):126-141.

[78] 马天辉,唐春安,唐烈先,等.基于微震监测技术的岩爆预测机制研究[J].岩石力学与工程学报,2016,35(3):470-483.

［79］毛怀昆,苏雁军.某矿上覆采空区条件下矿震发生规律[J].现代矿业,2016,32(8):55-56,118.

［80］聂小利.基于小波变换的弱信号提取与应用研究[D].北京:北京建筑大学,2015.

［81］欧阳振华,孔令海,齐庆新,等.自震式微震监测技术及其在浅埋煤层动载矿压预测中的应用[J].煤炭学报,2018,43(S1):44-51.

［82］潘一山,赵扬锋,官福海,等.矿震监测定位系统的研究与应用[J].岩石力学与工程学报,2007,26(5):1002-1011.

［83］潘一山.矿震的发生和破坏规律研究[R].北京:中国地震局地质研究所,2003.

［84］钱七虎.隧道工程建设地质预报及信息化技术的主要进展及发展方向[J].隧道建设,2017,37(3):251-263.

［85］屈世显.分形维数与熵间的关系[J].高压物理学报,1993,7(2):127-131.

［86］任朝发,赵海波,陈百军,等.地面微地震监测采集观测系统定位精度的影响因素分析——以大庆SZ探区为例[J].石油物探,2018,57(5):668-677.

［87］山长仑,张玲,李永红,等.对数字地震记录用速度与位移测定近震震级的讨论[J].华北地震科学,2001,19(4):65-72.

［88］石显鑫,蔡栓荣,冯宏,等.利用声发射技术预测预报煤与瓦斯突出[J].煤田地质与勘探,1998,26(3):60-65.

［89］时书丽.声发射源定位的测试方法[J].辽宁大学学报,1998,25(1):42-46.

［90］苏振国.胡家河煤矿特厚坚硬煤层煤柱区冲击矿压规律及防治研究[D].徐州:中国矿业大学,2015.

［91］隋惠权,范学理.深井开采地质灾害及矿山地震研究[J].中国地质灾害与防治学报,2002,13(4):49-52.

［92］孙嘉骏.微地震波形初至拾取及速度模型校正研究[D].长春:吉林大学,2017.

［93］孙尚鹏.震动波CT技术在金庄煤矿冲击危险评价与预警中的应用[D].徐州:中国矿业大学,2017.

［94］覃发兵,徐振旺,啜晓宇,等.基于经验小波变换的地震资料噪声压制方法[J].中国石油勘探,2018,23(5):100-110.

［95］田王月,陈晓非.地震定位研究综述[J].地球物理学进展,2002,17(1):147-155.

［96］田宵.井下微地震监测方法研究[D].合肥:中国科学技术大学,2018.

［97］汪素云,许忠淮,俞言祥,等.北京及邻区现代微震重新定位及其构造含义[J].中国地震,1995,11(3):222-230.

［98］汪素云,许忠淮,俞言祥,等.北京西北地区现代微震重新定位[J].地震学报,1994,16(1):24-31.

［99］王承伟,陶达,梁一婧.使用辽宁地区P波走时反演一维速度模型[J].防灾减灾学报,2017,33(2):85-89.

［100］王恩元,李楠.微震自动定位与可靠性综合评价系统及应用[J].采矿与安全工程学报,2018,35(5):1030-1037,1044.

［101］王海军.低信噪比地震记录中信号初至的估计[J].西安交通大学学报,2003,37(6):659-660.

[102] 土海涛,朱令人.地震前兆观测数据的信息熵分析[J].地震,1991(5):13-18.

[103] 王焕义.岩体微震事件的精确定位研究[J].工程爆破,2001,7(3):5-8.

[104] 王纪程.基于网格剖分的微地震地面监测定位技术研究[D].长春:吉林大学,2018.

[105] 王进强,姜福兴,吕文生,等.地震波传播速度原位试验及计算[J].煤炭学报,2010,35(12):2059-2063.

[106] 王庆武,巨能攀,杜玲丽,等.深埋长大隧道岩爆预测与工程防治研究[J].水文地质工程地质,2016,43(6):88-94,100.

[107] 王有勇.正断层区域矿震及冲击危险规律研究[D].徐州:中国矿业大学,2015.

[108] 王泽伟,李夕兵,尚雪义,等.基于 VFOM 的矿山微震震源定位及近震震级标定[J].岩土工程学报,2017,39(8):1408-1415.

[109] 王志刚.双波定位原理及其效果分析[D].北京:中国矿业大学(北京),2018.

[110] 王子珺,赵伯明.高速铁路地震预警震级快速准确预测方法[J].中国铁道科学,2017,38(2):127-132.

[111] 王子珺.地震动破坏性与地震预警理论方法研究[D].北京:北京交通大学,2017.

[112] 危小荣,周大为,谭俊义,等.流动地震台网监测萍乡矿区地震[J].地震地磁观测与研究,2015,36(2):71-73.

[113] 温志平,方江雄,刘军,等.基于 CEEMDAN 和 SWT 的地震信号随机噪声压制[J].地球物理学进展,2019:1-18.

[114] 夏双,汤中于.千米深井冲击矿压综合监测防治技术[J].煤矿安全,2018,49(10):89-94.

[115] 向力为.基于 LabVIEW 的煤矿微震监测系统设计[D].济南:山东大学,2017.

[116] 谢和平,高峰,周宏伟,等.岩石断裂和破碎的分形研究[J].防灾减灾工程学报,2003,23(4):1-9.

[117] 邢西淳,毛娟.泾阳台地震持续时间震级公式 MD 初探[J].内陆地震,1994,8(3):247-252.

[118] 徐长发.科技应用中的微分变分模型[M].武汉:华中科技大学出版社,2004.

[119] 徐晨,赵瑞珍,甘小冰.小波分析·应用算法[M].北京:科学出版社,2004.

[120] 徐戈,王保太,杨彩霞,等.江苏数字地震台网与模拟台网的震级对比[J].地震学刊,2000,20(2):32-39.

[121] 徐克彬,陈祖斌,刘玉海,等.基于 L-M 算法的微地震定位方法[J].石油地球物理勘探,2018,53(4):653,765-769,790.

[122] 徐谦.微地震监测数据采集与分析[D].燕郊:华北科技学院,2015.

[123] 许传华,任青文,李瑞.围岩稳定的熵突变理论研究[J].岩石力学与工程学报,2004,23(12):1992-1995.

[124] 薛强,蔡承才,王硕禾.小波与相关函数算法在矿山震源定位中的应用[J].石家庄铁道大学学报(自然科学版),2016,29(4):90-94,104.

[125] 闫广.基于震源快速定位方法的分布式矿震监测系统关键技术研究[D].徐州,中

国矿业大学,2016.

[126] 闫广.基于震源快速定位方法的分布式矿震监测系统关键技术研究[D].徐州:中国矿业大学,2016.

[127] 言志信,蔡汉成,王群敏,等.岩土体在地震作用下的破坏研究[J].煤炭学报,2010,35(10):1621-1626.

[128] 晏建洋,吴建星.基于小波变换的微震信号去噪研究[J].科技通报,2016,32(3):185-188.

[129] 杨悦增,邓红卫,虞松涛.基于随机森林模型的岩爆等级预测研究[J].矿冶工程,2017,37(4):23-27.

[130] 杨宗宝.深埋隧道初始应力场特征及岩爆预测分析[D].武汉:长江科学院,2017.

[131] 叶根喜,姜福兴,郭延华,等.煤矿深部采场爆破地震波传播规律的微震原位试验研究[J].岩石力学与工程学报,2008,27(5):1053-1058.

[132] 尹万蕾,潘一山,李忠华,等.冲击地压与微震影响因素的关系研究[J].中国安全科学学报,2017,27(2):109-114.

[133] 有鹏,刘勇.基于激光的分布式矿震监测系统中的节点定位[J].激光杂志,2017,38(10):115-118.

[134] 有鹏,赵小虎,李富强,等.分布式矿震监测系统的震源定位优化研究[J].煤炭技术,2018,37(3):226-228.

[135] 于群,唐春安,李连崇,等.深埋硬岩隧洞微震监测及微震活动特征分析[J].哈尔滨工程大学学报,2015,36(11):1465-1470.

[136] 于群,唐春安,李连崇,等.深埋硬岩隧洞微震监测及微震活动特征分析[J].哈尔滨工程大学学报,2015,36(11):1465-1470.

[137] 于群.深埋隧洞岩爆孕育过程及预警方法研究[D].大连:大连理工大学,2016.

[138] 于洋,刁心宏,赵秀绍,等.深部岩体隧洞岩爆灾害影响因素分析[J].南水北调与水利科技,2017,15(3):183-189.

[139] 于洋,刁心宏,赵秀绍,等.深部岩体隧洞岩爆灾害影响因素分析[J].南水北调与水利科技,2017,15(3):183-189.

[140] 余洋洋,梁春涛,康亮,等.微地震地面监测系统的优化设计[J].石油地球物理勘探,2017,52(5):879,974-983.

[141] 越毅,等.广东及其邻区近期地震活动特征的分析[M]//国家地震局科技监测司.地震监测与预报方法清理成果汇编测震学分册.北京:地震出版社,1989:293-299.

[142] 张诚.地震分析基础[M].北京:地震出版社,1988.

[143] 张楚旋,李夕兵,董陇军,等.三函数四指标矿震信号 S 波到时拾取方法及应用[J].岩石力学与工程学报,2015,34(8):1650-1659.

[144] 张从珍,赵明淳,高景春.河北数字遥测地震台网大震速报震级问题的初步研究[J].华北地震科学,2005,23(1):27-31.

[145] 张航.紫荆隧道微震监测系统的构建及围岩微震特性初步分析[D].成都:成都理工大学,2015.

[146] 张建中.地震 b 值的估计方法及其标准误差[J].地震学报,1981,3(3):292-301.

[147] 张杰.基于地震 P 波初始信息的台站场地危险性概率评估[D].成都:西南交通大学,2018.

[148] 张军华,赵勇,赵爱国,等.用小波变换与能量比方法联合拾取初至波[J].物探化探计算技术,2002,24(4):309-312.

[149] 张庆庆.煤矿孔中微震监测系统研究[D].西安:西安科技大学,2016.

[150] 张群,李广平.辽宁省及邻近地区较大地震震级的测定方法[J].东北地震研究,1994,10(3):31-37.

[151] 张山林,李铁.基于 P 波初动法的矿震震源机制研究[J].现代矿业,2015,31(9):142-145.

[152] 张少泉,张诚,修济刚,等.矿山地震研究述评[J].地球物理学进展,1993,8(3):69-85.

[153] 张银平.岩体声发射与微震监测定位技术及其应用[J].工程爆破,2002,8(1):58-61.

[154] 张永刚.鹤岗地区矿山地震监测与瓦斯预警研究[D].长春:吉林大学,2018.

[155] 赵爱华.三维复杂速度模型中地震事件震源轨迹的计算[J].地球物理学报,2018,61(10):3994-4006.

[156] 赵荣国.即将通用的矩震级标度 M_w —远震震级测定工作综述[J].国家地震动态,1994(12):14-17.

[157] 赵周能,冯夏庭,肖亚勋,等.不同开挖方式下深埋隧洞微震特性与岩爆风险分析[J].岩土工程学报,2016,38(5):867-876.

[158] 赵珠,吴今生,谢蓉华,等.大桥水库地震遥测台网持续时间震级的研制[J].四川地震,1999(3):18-24.

[159] 赵珠,谢蓉华,罗昭明.二滩水电站地震遥测台网持续时间震级的研制[J].地震地磁观测与研究,1998,19(2):21-29.

[160] 郑成龙.基于小波变换的地震信号随机噪声压制[D].南昌:东华理工大学,2018.

[161] 中国地质局监测预报司.数字地震观测技术[M].北京:地震出版社,2003.

[162] 周建,陈超.微震监测技术及应用[J].现代矿业,2015,31(03):155-156.

[163] 朱元清.数字化台网的近震震相自动识别[J].西北地震学报,2002,24(1):5-12.

[164] 卓越课程中心.波动方程[D].北京:北京理工大学,2009.

[165] 邹霞玲,彭绍琴,皮依标.基于物联网的大型地震区域监控系统设计[J].地震工程学报,2018,40(5):1111-1117,1130.

[166] AGURTO-DETZEL H, BIANCHI M, ASSUMPÇÃO M,et al. The tailings dam failure of 5 November 2015 in SE Brazil and its preceding seismic sequence [J]. Geophysical Research Letters,2016, 43(10):4929-4936.

[167] AKI K. 前兆现象的概率综合[J].世界地展译丛,1982:22-29.

[168] ANTONOVSKAYA G N, KAPUSTIAN N K,ROGOZHIN E A. Seismic monitoring of industrial objects：Problems and solutions[J]. Seismic Instruments,2016,52(1):1-8.

［169］ ARORA S K，VARGHESE T G，BASU T K. Relative performance of different triangular networks in locating regional seismic sources. Proc［J］. Indian Acad. Sci. ，1978(81)：271-282.

［170］ ASENCIO-CORTÉS G，MARTÍNEZ-ÁLVAREZ F，TRONCOSO A，et al. Medium-large earthquake magnitude prediction in Tokyo with artificial neural networks［J］. Neural Computing and Applications,2015，28(5)：1043-1055.

［171］ ASIM K M，MARTÍNEZ-ÁLVAREZ F，BASIT A，et al. Earthquake magnitude prediction in Hindukush region using machine learning techniques［J］. Natural Hazards, 2016,85(1)：471-486.

［172］ BASSETT D，SANDWELL D T，FIALKO Y，et al. Upper-plate controls on co-seismic slip in the 2011 magnitude 9. 0 Tohoku-oki earthquake［J］. Nature,2016,531(7592)：92-96.

［173］ BOETTCHER M S，KANE D L，MCGARR A，et al. Moment Tensors and Other Source Parameters of Mining-Induced Earthquakes in TauTona Mine, South Africa［J］. Bulletin of the Seismological Society of America,2015，105(3)：1576-1593.

［174］ BOSCHETTI F,DENYITH M D，LIST R D. A Fractal based algorithm for deyecing first arrival on seismic traces［J］. Society of Exploration Geophysicists. 1996(4)：1095-1102.

［175］ CAI W，DOU L，GONG S,et al. Quantitative analysis of seismic velocity tomography in rock burst hazard assessment［J］. Natural Hazards, 2014,75(3)：2453-2465.

［176］ CAO A，DOU L，WANG C,et al. Microseismic Precursory Characteristics of Rock Burst Hazard in Mining Areas Near a Large Residual Coal Pillar：A Case Study from Xuzhuang Coal Mine, Xuzhou, China［J］. Rock Mechanics and Rock Engineering,2016,49(11)：4407-4422.

［177］ CAUDRON C，TAISNE B，GARCÉS M,et al. On the use of remote infrasound and seismic stations to constrain the eruptive sequence and intensity for the 2014 Kelud eruption［J］. Geophysical Research Letters, 2015, 42(16)：6614-6621.

［178］ CHAMBERS D J A，KOPER K D，PANKOW K L,et al. Detecting and characterizing coal mine related seismicity in the Western U. S. using subspace methods［J］. Geophysical Journal International,2015,203(2)：1388-1399.

［179］ CHANG XU,et al. Hausdorff fractal algorithm for picking first break in seismic traces［J］. BUTSURI TANSA,1999,52(4)：316-322.

［180］ COLOMBELLI S，CARUSO A，ZOLLO A,et al. A P wave-based, on-site method for earthquake early warning［J］. Geophysical Research Letters, 2015, 42(5)：1390-1398.

［181］ COLOMBELLI S,ZOLLO A. Fast determination of earthquake magnitude and fault extent from real-timeP-wave recordings[J]. Geophysical Journal International, 2015,202(2):1158-1163.

[182] CZARNY R, MARCAK H, NAKATA N,et al. Monitoring Velocity Changes Caused By Underground Coal Mining Using Seismic Noise[J]. Pure and Applied Geophysics,2016,173(6):1907-1916.

[183] DIAS F I, ASSUMPCÃO M, FACINANI E M,et al. The 2009 earthquake, magnitude mb 4.8, in the Pantanal Wetlands, west-central Brazil[J]. Anais Da Academia Brasileira de Ciências,2016,88(3):1253-1264.

[184] DING Y, DOU L, CAI W,et al. Signal characteristics of coal and rock dynamics with micro-seismic monitoring technique[J]. International Journal of Mining Science and Technology,2016,26(4):683-690.

[185] DODGE D A, WALTER W R. Initial Global Seismic Cross-Correlation Results: Implications for Empirical Signal Detectors[J]. Bulletin of the Seismological Society of America,2015,105(1):240-256.

[186] DOLCE M, NICOLETTI M, DE SORTIS A,et al. Osservatorio sismico delle strutture: the Italian structural seismic monitoring network[J]. Bulletin of Earthquake Engineering,2015,15(2):621-641.

[187] DONG L J, WESSELOO J, POTVIN Y, et al. Discriminant models of blasts and seismic events in mine seismology [J]. International Journal of Rock Mechanics and Mining Sciences, 2016(86):282-291.

[188] EDWARDS B, KRAFT T, CAUZZI C,et al. Seismic monitoring and analysis of deep geothermal projects in St Gallen and Basel, Switzerland[J]. Geophysical Journal International, 2015,201(2):1022-1039.

[189] FLORIDO E, MARTÍNEZ-ÁLVAREZ F, MORALES-ESTEBAN A,et al. Detecting precursory patterns to enhance earthquake prediction in Chile[J]. Computers & Geosciences, 2015(76):112-120.

[190] GIBOWICZ S J, KIJKO A. An Introduction to Mining Seismology[M]. New York: Academic Press,1994.

[191] HEIDARZADEH M, MUROTANI S, SATAKE K,et al. Source model of the 16 September 2015 Illapel, Chile,Mw8.4 earthquake based on teleseismic and tsunami data[J]. Geophysical Research Letters, 2016,43(2): 643-650.

[192] HUANG Y, BEROZA G C. Temporal variation in the magnitude-frequency distribution during the Guy-Greenbrier earthquake sequence[J]. Geophysical Research Letters,2015,42(16):6639-6646.

[193] ILLSLEY-KEMP F, KEIR D, BULL J M,et al. Local Earthquake Magnitude Scale andb - Value for the Danakil Region of Northern Afar[J]. Bulletin of the Seismological Society of America, 2017,107(2):521-531.

[194] JIAO L,et al. Variance fractal dimension analysis of seismic refraction signals [C]. Proceeding of IEEE WESCANEX 97 congference on communications,

power and computer. [S. l.]:[s. n.],1997:116-120.

[195] KHALILPOURAZARI S,ARSHADI KHAMSEH A. Bi-objective emergency blood supply chain network design in earthquake considering earthquake magnitude: a comprehensive study with real world application[R]. [S. l.]:[s. n.],2017.

[196] KIM K H, KANG T S, RHIE J, et al. The 12 September 2016 Gyeongju earthquakes: 2. Temporary seismic network for monitoring aftershocks[J]. Geosciences Journal, 2016,20(6): 753-757.

[197] KING G. The accommodation of large strains in the upper lithosphere of the earth and solids by self-similar faule systems: the geometrical origin of by value. Pure Appl[J]. Geophys,1983(122):761-815.

[198] KOZŁOWSKA M, ORLECKA-SIKORA B, RUDZIŃSKI Ł,et al. A typical evolution of seismicity patterns resulting from the coupled natural, human-induced and coseismic stresses in a longwall coal mining environment[J]. International Journal of Rock Mechanics and Mining Sciences,2016(86):5-15.

[199] KUCHARCZYK D, WYŁOMAŃSKA A, OBUCHOWSKI J,et al. Stochastic Modelling as a Tool for Seismic Signals Segmentation[J]. Shock and Vibration, 2016:1-13.

[200] LIM C W, ZHANG G, REDDY J N. A higher-order nonlocal elasticity and strain gradient theory and its applications in wave propagation[J]. Journal of the Mechanics and Physics of Solids,2015(78):298-313.

[201] LIZUREK G, RUDZIŃSKI Ł, PLESIEWICZ B. Mining Induced Seismic Event on an Inactive Fault[J]. Acta Geophysica,2015,63(1):176-200.

[202] MA J, DONG L, ZHAO G,et al. Discrimination of seismic sources in an underground mine using full waveform inversion[J]. International Journal of Rock Mechanics and Mining Sciences,2018(106):213-222.

[203] MALEHMIR A, DURRHEIM R, BELLEFLEUR G,et al. Seismic methods in mineral exploration and mine planning: A general overview of past and present case histories and a look into the future[J]. GEOPHYSICS, 2012,77(5): 173-190.

[204] MALEHMIR A, HEINONEN S, DEHGHANNEJAD M,et al. Landstreamer seismics and physical property measurements in the Siilinjärvi open-pit apatite (phosphate) mine, central Finland[J]. Geophysics, 2017,82(2):29-48.

[205] MCNAMARA D E, BENZ H M, HERRMANN R B,et al. Earthquake hypocenters and focal mechanisms in central Oklahoma reveal a complex system of reactivated subsurface strike-slip faulting[J]. Geophysical Research Letters, 2015,42(8):2742-2749.

[206] MEIER M-A, HEATON T,CLINTON J. The Gutenberg Algorithm: Evolutionary Bayesian Magnitude Estimates for Earthquake Early Warning with a

Filter Bank[J]. Bulletin of the Seismological Society of America,2015,105(5):
2774-2786.

[207] MENDECKI A J, VAN ASWEGEN G. A method for the optimal design of
mine seismic networks in respect to location errors an its application[R].
[s. l.]:Rock Mechanics Department,2005.

[208] MINSON S E, BROOKS B A, GLENNIE C L,et al. Crowdsourced earthquake
early warning[J]. Science Advances,2015,1(3):150-155.

[209] OLIVIER G, BRENGUIER F, CAMPILLO M,et al. Body-wave reconstruc-
tion from ambient seismic noise correlations in an underground mine[J]. GEO-
PHYSICS, 2015,80(3):11-25.

[210] OLIVIER G, BRENGUIER F, CAMPILLO M,et al. Investigation of coseis-
mic and postseismic processes using in situ measurements of seismic velocity
variations in an underground mine[J]. Geophysical Research Letters, 2015,42
(21):9261-9269.

[211] ROSS Z E, BEN-ZION Y, WHITE M C,et al. Analysis of earthquake body
wave spectra for potency and magnitude values: implications for magnitude
scaling relations [J]. Geophysical Journal International, 2016, 207 (2):
1158-1164.

[212] RUDZIŃSKI Ł, CESCA S, LIZUREK G. Complex Rupture Process of the 19
March 2013, Rudna Mine (Poland) Induced Seismic Event and Collapse in the
Light of Local and Regional Moment Tensor Inversion[J]. Seismological
Research Letters, 2016,87(2A):274-284.

[213] SCHOENBALL M, DAVATZES N C, GLEN J M G. Differentiating induced
and natural seismicity using space-time-magnitude statistics applied to the Coso
Geothermal field[J]. Geophysical Research Letters,2015,42(15): 6221-6228.

[214] SENYUKOV S L, NUZHDINA I N, DROZNINA S Y,et al. Reprint of "Seis-
mic monitoring of the Plosky Tolbachik eruption in 2012 - 2013 (Kamchatka
Peninsula Russia)"[J]. Journal of Volcanology and Geothermal Research, 2015
(307):47-59.

[215] SI G, DURUCAN S, JAMNIKAR S, et al. Seismic monitoring and analysis of
excessive gas emissions in heterogeneous coal seams[J]. International Journal
of Coal Geology,2015(149): 41-54.

[216] SINGH C,SINGH A,CHADHA R K. 喜马拉雅东部和西藏南部的分形和 b 值
测绘[J]. 世界地震译丛,2010(3):15-20.

[217] SKOKO D,SATO Y. Optimum distribution of seismic observation points, III.
Bull. Enrthq[M]. Tokyo:Tokyo Univ. , 1966:13-22.

[218] STORCHAK D A, DI GIACOMO D, ENGDAHL E R,et al. The ISC-GEM
Global Instrumental Earthquake Catalogue (1900-2009): Introduction[J].
Physics of the Earth and Planetary Interiors, 2015(239):48-63.

[219] TANG L,XIA K W. Seismological method for prediction of areal rockbursts in deep mine with seismic source mechanism and unstable failure theory[J]. Journal of Central South University of Technology, 2010,17(5):947-953.

[220] TURCOTTE D L. A fractal approach to probabilistic seismic hazard assessment [J]. Tectonophysics,1989,167(2-4):171-177.

[221] UHRHAMMER R A. The optimal estimation of earthquake parameters[J]. Phys. Earth Planet,1982:1369-1379.

[222] VAN DER ELST N J,PAGE M T, WEISER D A, et al. Induced earthquake magnitudes are as large as (statistically) expected[J]. Journal of Geophysical Research: Solid Earth, 2016,121(6):4575-4590.

[223] WALDHAUSER F, ELLSWORTH W L. A double difference earthquake location algorithm: method andapplication to the Northern Hayward Fault, California [J]. Bull. Seism. Soc. Am, 2000, 90(6):1353-1368.

[224] WANG R, GU Y J, SCHULTZ R,et al. Source analysis of a potential hydraulic-fracturing-induced earthquake near Fox Creek, Alberta[J]. Geophysical Research Letters,2016,43(2):564-573.

[225] WANG T, SONG X, XIA H H. Equatorial anisotropy in the inner part of Earth's inner core from autocorrelation of earthquake coda[J]. Nature Geoscience, 2015,8(3):224-227.

[226] WEN Z, WANG X, TAN Y,et al. A Study of Rockburst Hazard Evaluation Method in Coal Mine[J]. Shock and Vibration,2016: 1-9.

[227] WOESSNER J, LAURENTIU D, GIARDINI D, et al. The 2013 European Seismic Hazard Model: key components and results[J]. Bulletin of Earthquake Engineering, 2015,13(12):3553-3596.

[228] YU J, KARAMAN S, RUS D. Persistent monitoring of events with stochastic arrivals at multiple stations[C]//2014 IEEE International Conference on Robotics and Automation (ICRA). [S. l.]:[s. n.],2014.

[229] ZEMBATY Z, MUTKE G, NAWROCKI D,et al. Rotational Ground-Motion Records from Induced Seismic Events[J]. Seismological Research Letters,2016, 88(1):13-22.

[230] ZHANG S Q, YANG M Y. Seismological Research on Mining Tremors. Progress in Acoustic Emission V[J]. The Japanese Society for NDI,1990:260-265.

[231] ZHAO G, MA J, DONG L,et al. Classification of mine blasts and microseismic events using starting-up features in seismograms[J]. Transactions of Nonferrous Metals Society of China,2015, 25(10):3410-3420.